JN295815

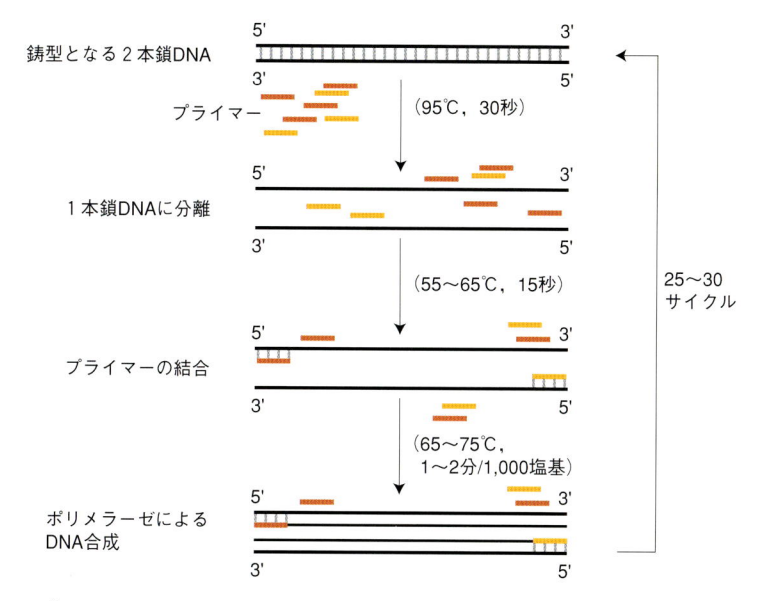

口絵1　PCRの原理と一般的手法　[p.18参照]

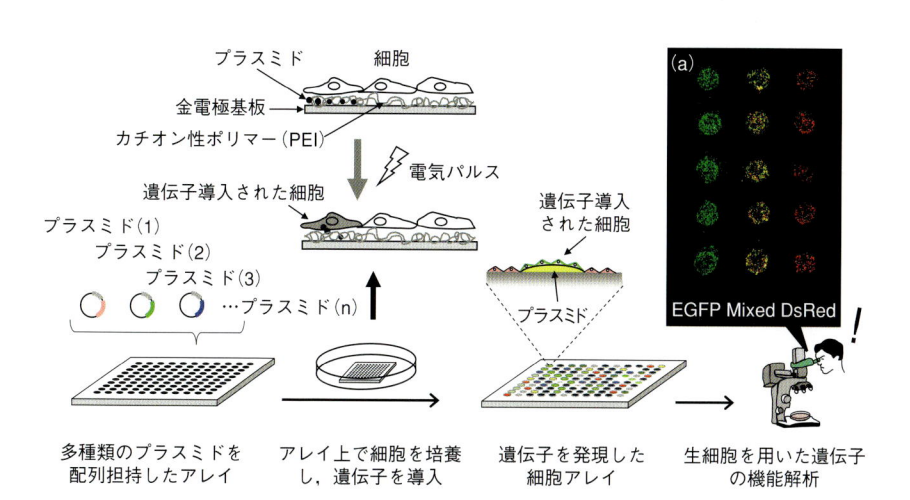

口絵2　遺伝子の効率的な機能解析のための遺伝子導入アレイ
多数のスポット上に遺伝子発現プラスミドを配列担持したアレイを作製する．緑色蛍光タンパク質（EGFP），緑色蛍光タンパク質（EGFP）＋赤色蛍光タンパク質（DsRed），赤色蛍光タンパク質（DsRed）のそれぞれの遺伝子をもったプラスミドベクターを各スポットに担持させ，その後，HEK293細胞を播種し，2日後に蛍光顕微鏡で観察した結果．[p.42参照]

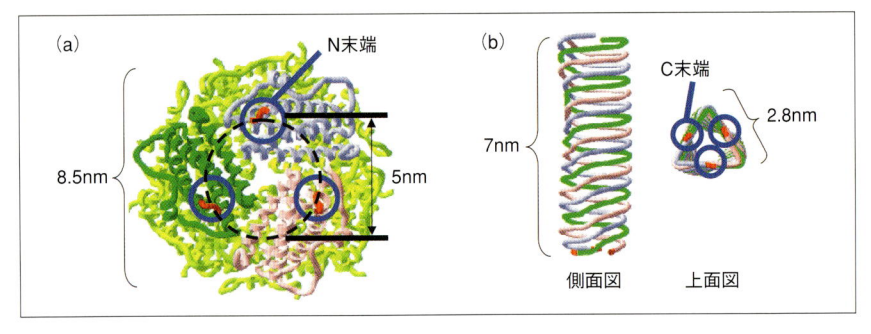

口絵3　BSPSの作製に使用する球状タンパク質と筒状タンパク質
(a) リステリアフェリチンの構造．3回対称部位を構成しているサブユニットを緑，青，ピンクで示す．また，そのN末端を赤で表示している．(b) gp5Cの構造．3量体を形成している各サブユニットを緑，青，ピンクで示す．また，そのC末端を赤で表示している．[p.76参照]

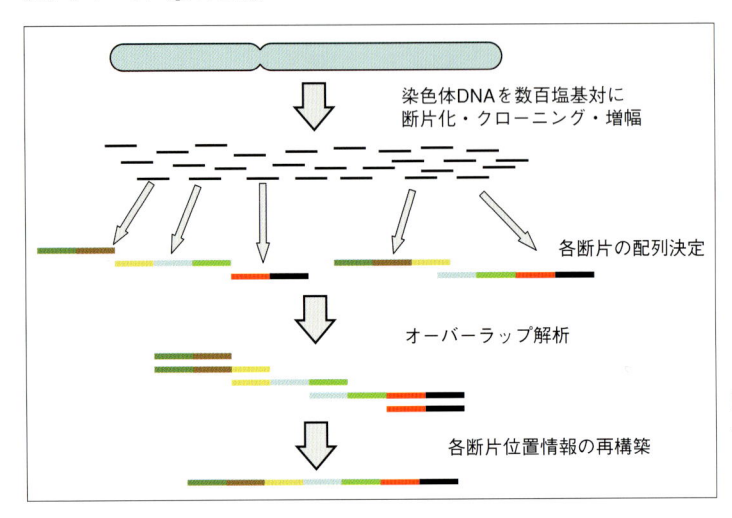

口絵4　ゲノムショットガン法　[p.100参照]

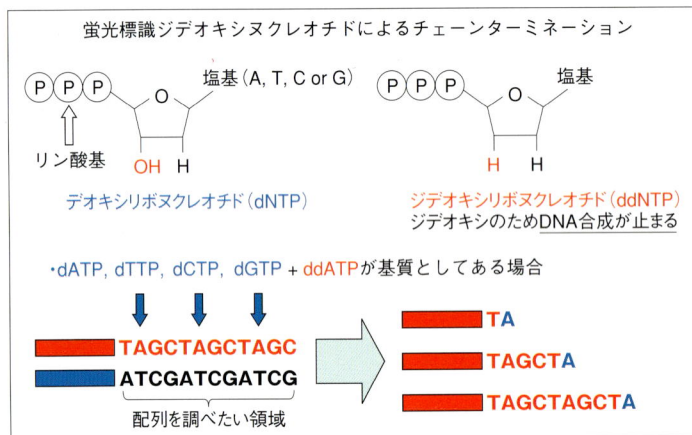

口絵5　サンガー法（ジデオキシ法）　[p.101参照]

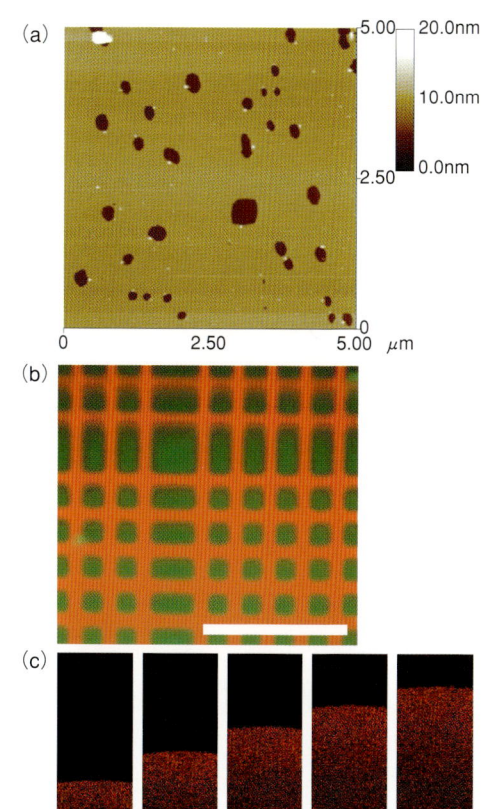

口絵6　基板支持脂質二重層の観察例

(a) ラングミュア・ブロジェット法によりマイカ表面に作製したDPPC支持膜の原子間力顕微鏡像（緩衝液中測定）．DPPCは室温ではゲル相をとり，支持膜の一部に欠陥が生じ，マイカ表面（暗部）が露出している．観察領域：$5\times 5\,\mu m$．
〔出典はp.140に記載〕

(b) ベシクル融合法で作製したegg-PC支持膜の蛍光顕微鏡像．B励起により，1％混合したフルオレセイン結合脂質分子（緑）を観察．あらかじめフォトレジストで格子状のパターン（赤）を作製した基板表面を用いた．スケールバー：$30\,\mu m$．

(c) 自発展開法で作製したegg-PC支持膜の共焦点レーザー顕微鏡タイムラプス測定（2分ごと）．543nm励起により，1％混合したテキサスレッド結合脂質分子（赤）を観察．時間発展に伴い，基板支持脂質二重層が成長していく．スケールバー：$30\,\mu m$．
[p.140参照]

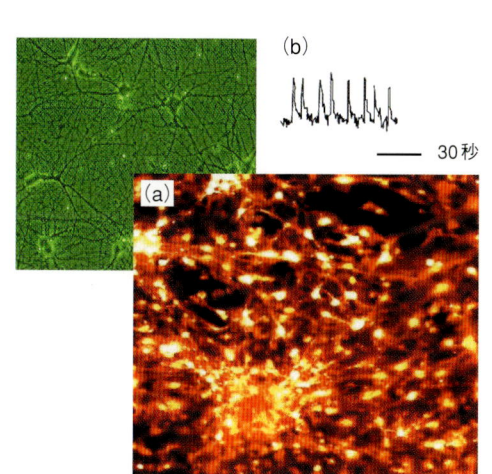

口絵7　カルシウム蛍光プローブによる神経ネットワーク活動イメージング

(a) カルシウム蛍光プローブで染色した神経ネットワークを示す．細胞内カルシウム濃度が高いほど，明るく光る．
(b) 神経活動に伴い，周期的にカルシウム濃度が変化するため，明滅する(a)．
[p.167参照]

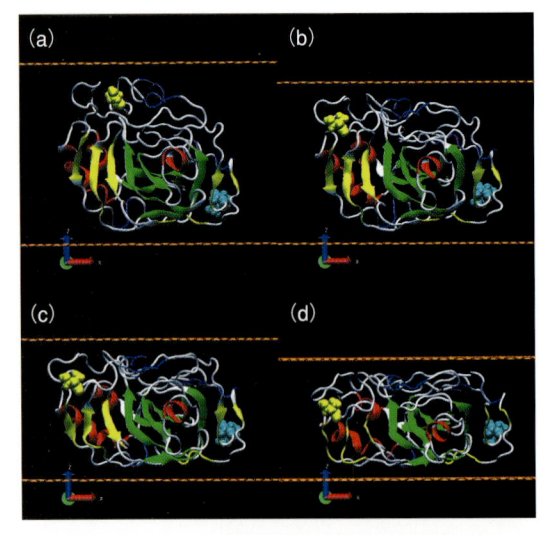

口絵8　BCA IIのAFMによる圧縮過程
探針-基板間距離は (a) 4.5, (b) 4.0, (c) 3.5, (d) 3.0 nm.
[p.195参照]

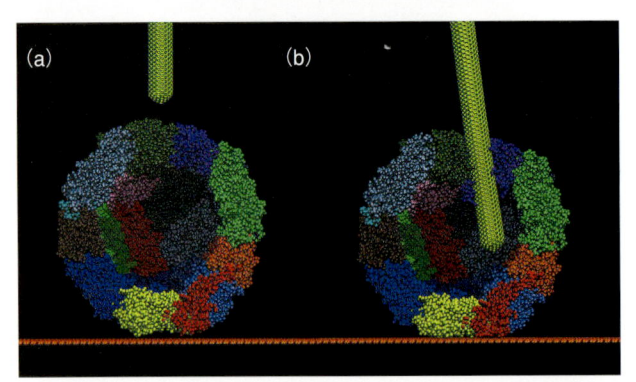

口絵9　アポフェリチンへのナノチューブの貫通の様子
(a) 貫通前, (b) 貫通後.
[p.197参照]

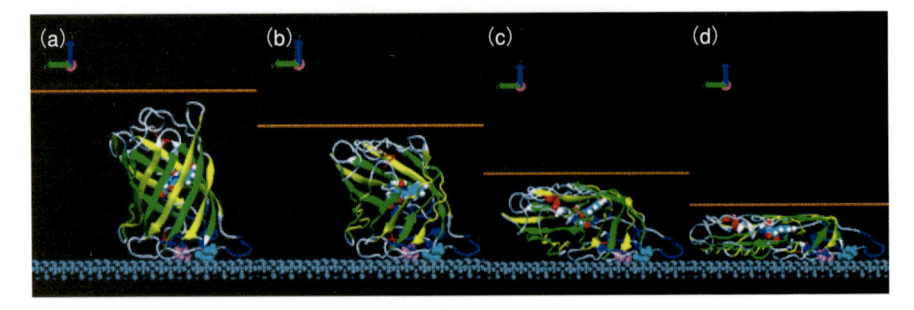

口絵10　マイカ上に吸着したGFPの圧縮過程
探針-基板間距離は (a) 5.0, (b) 4.0, (c) 3.0, (d) 2.0 nm. [p.198参照]

ナノテクノロジー入門シリーズ
I

ナノテクのための
バイオ入門

日本表面科学会 編集
担当編集委員　荻野俊郎・宇理須恒雄

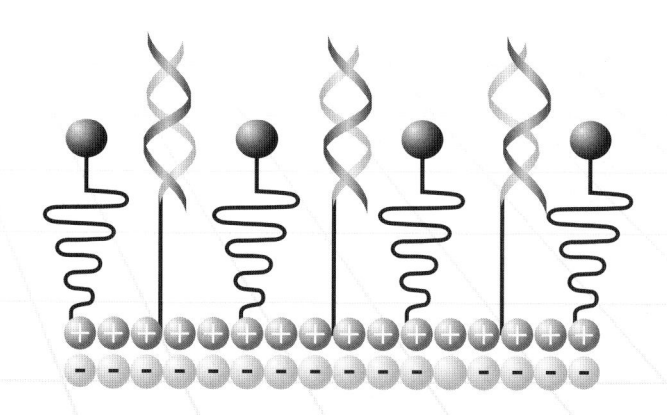

共立出版

担当編集委員・執筆者一覧

●担当編集委員●

荻野俊郎（横浜国立大学大学院工学研究院）
宇理須恒雄（自然科学研究機構 分子科学研究所）

●執筆者●

Chapter 1	小澤岳昌	（自然科学研究機構 分子科学研究所）
Chapter 2	岩田博夫	（京都大学再生医科学研究所）
Chapter 3	手老龍吾	（自然科学研究機構 分子科学研究所）
	宇理須恒雄	（自然科学研究機構 分子科学研究所）
Chapter 4	杉本健二	（京都大学エネルギー理工学研究所）
	山下一郎	（奈良先端科学技術大学院大学物質創成科学研究科）
Chapter 5	野地博行	（大阪大学産業科学研究所）
Chapter 6	水野　彰	（豊橋技術科学大学エコロジー工学系）
	桂　進司	（群馬大学工学部）
	小松　旬	（パスツール研究所）
Chapter 7	内田勝美	（東京理科大学理学部）
	長崎幸夫	（筑波大学学際物質科学研究センター）
Chapter 8	古川一暁	（NTT 物性科学基礎研究所）
	森垣憲一	（産業技術総合研究所）
	山崎昌一	（静岡大学創造科学技術大学院）
Chapter 9	鳥光慶一	（NTT 物性科学基礎研究所）
	住友弘二	（NTT 物性科学基礎研究所）
Chapter 10	猪飼　篤	（東京工業大学大学院生命理工学研究科）
Chapter 11	塚田　捷	（早稲田大学大学院理工学研究科）
	田上勝規	（早稲田大学ナノ理工学研究機構）
	高　珉	（東京工業大学大学院生命理工学研究科）

「ナノテクノロジー入門シリーズ」編集委員会

- 委員長　猪飼　　篤（東京工業大学大学院生命理工学研究科）
- 委　員　荻野　俊郎（横浜国立大学大学院工学研究院）
- 委　員　宇理須恒雄（自然科学研究機構 分子科学研究所）
- 委　員　本間　芳和（東京理科大学理学部）
- 委　員　北森　武彦（東京大学大学院工学系研究科）
- 委　員　菅原　康弘（大阪大学大学院工学研究科）
- 委　員　粉川　良平（株式会社 島津製作所）
- 委　員　白石　賢二（筑波大学大学院数理物質科学研究科）

本シリーズの刊行にあたって

　このたび，平成19年は寒気冴えの1月から陽春3月にかけて，日本表面科学会より「ナノテクノロジー入門シリーズ」全4巻を順次刊行する運びとなった．

　本シリーズの1冊を手にし，ナノテクノロジーと表面科学，この2つがどう関係して入門シリーズ刊行の企画がスタートしたのだろうかと，ふと思われる向きもあるかと思う．表面科学は自然にあるいは人為的に作り出された固体表面における原子の配列を推定し，そこに見られる表面特有な機能を解明する学問領域として出発した当初から，原子という究極のナノマテリアルを研究対象としていた．それゆえ，固体表面上に異種原子層を1原子層，2原子層と積み上げていくナノテクノロジー技術はまさに表面科学，ひいては表面科学会員の得意とする技であり，表面科学とナノテクノロジーの関係は実に密接なものがあることがおわかりいただけるかと思う．また，例にあげた固体表面のみならず，液体表面，固液界面，液液界面，気液界面など，生活に密着したいろいろな表面，界面現象を研究対象として表面科学は発展してきた．

　表面には魔物が住む，といわれたくらいむずかしい分野であったが，表面特有の性質を示す原子や吸着分子を選択的に分析する技術の発達がこの分野を支えてきた．それらの技術が，ナノテクノロジーのかけ声とともに，究極には1原子分析，1分子分析を目指す方向へ再び大きく進歩しようとしている．表面原子の再配列の様子を原子分解能をもって明瞭に示した新規測定手段，走査型トンネル顕微鏡の登場から25年を経て，いまでは，あたかもわれわれの太い指先が原子・分子を1つ1つ転がしたり，吊り上げたり，圧しつぶしたり，原子・分子どうしをつないだりと，まるで原子・分子を自在に扱っているかのような研究が次々と発表される日常となっている．

　フラーレン，カーボンナノチューブに代表されるナノマテリアルにナノテクノロジーの将来を見る人は多い．これに加えて，異なる材料からつくられる

種々のナノチューブや分子配線の材料としてのDNAや有機電導体，究極には1原子配列からなる金属細線，固体表面上で原子を1つ1つ積み上げてつくるデバイス，細胞内へのDNAなど機能分子の注入あるいは細胞内からの採取デバイス，ナノパーティクルを利用する医薬デリバリーシステム開発，微小な泡や表面微細加工を利用した思いもかけない新機能性材料の開発など，ナノテクノロジーの基礎・応用研究には先の長い夢がある．ナノマテリアル，ナノテクノロジーの時代はまた，物理，化学，生物，工学という従来の学問分野のあらゆる知識と技術が原子・分子という究極の材料に向かって一斉に試される共通の場でもある．短い時間でナノテクノロジーに関係する異分野の動向と基礎知識を身につけたいと思う研究者・技術者の方が多いと思う．

それを提供するのが本シリーズ，「ナノテクノロジー入門シリーズ」全4巻である．

本シリーズは日本表面科学会の歴代会長の強力な後押しを得て，日本表面科学会会員を中心とする，表面科学とナノテクノロジーに詳しい最適の執筆陣に渾身の筆を揮っていただくことができたことを，学会および執筆者の皆様に感謝したい．科学と技術の進歩に遅れない内容をもつことを誇りとできる本シリーズを，ぜひ，読者の皆様のお手元で立派に活用していただけることを願っている．本シリーズの刊行にあたって，共立出版株式会社のご協力に心より感謝したい．

2006年12月

「ナノテクノロジー入門シリーズ」編集委員会を代表して

猪飼　篤

はじめに

 21世紀に入り，バイオテクノロジーへの関心と期待が急速に高まっている．しかし，バイオテクノロジーと直接には関わりのない世界で仕事をしている研究者や，生物学関係が授業科目にない学科で勉強している学生の中には，バイオの世界に入るのに抵抗感をもつ人が多い．本書は，バイオのことはよく知らないけれど，しかしそれでもこれから参入したいと思っている研究者や，大学時代にバイオも学んでおきたいという学生を対象としている．企画にあたっては，生命科学の専門家の視点ではなく，バイオとはまったく関わりのなかった研究者の目で構成を考えた．本書の各章は専門家にご執筆いただいたが，編集にあたってはバイオの素人の視点を貫いた．したがって，従来の入門書に比べて格段に親しみやすい内容となっているはずである．
 本書の背景について少し述べておこう．21世紀の科学技術としてナノテクノロジーやバイオテクノロジーをあげる人は多い．しかし，20世紀に確立した科学技術の住み分けは大変強固であり，学問間の壁は厚い．20世紀にも学際領域が発展した分野は多い．たとえば，半導体デバイス工学と半導体物理学は，トランジスタの発明とともに同時に誕生し，相互に協力して発展してきた．ネットワーク時代の大容量光通信の基礎技術のひとつである半導体レーザーは，物理の世界から予言され，量子物理学が大きな支えとなった．LSI（大規模集積回路）技術の発展は，極微（ナノ）構造形成技術を物理学に提供し，量子力学が主役を演じる新しい物理学を創ってきた．しかし，これはむしろ例外的なものである．ところが，ナノテクノロジーは，最初から学際領域として登場した．物理学としてみたときは，固体がマイクロメートルからナノメートルになることによって，量子現象に基づく新たな性質が生まれてきた．工学としてみたときは，加工サイズがナノメートル領域に入ってきた．化学としてみたとき，従来のアボガドロ数という単位から分子が何個という単位に変わった．ナノテクノロジー，ナノサイエンスという科学技術は，物理学，化学，電子工学，機械工学など広い範囲にまたがっている．ところが過去10年，サイズを縮小して

いくというトップダウンの技術に対して，原子・分子から複雑な構造を組み立てていくというボトムアップのナノテクノロジーが脚光を浴びてきた．基本的な機能はナノメートル領域ですべて出そろうことも明らかになってきた．この「原子・分子から高度な機能を創る」というのは，数十億年かけて生命が行ってきたものである．ここで，生体の各々の要素，すなわち生命活動の源であるタンパク質や，生命の情報を蓄積し次世代に伝えるDNA（遺伝子）はナノメートルの大きさである．ボトムアップのナノテクノロジーは，もともと生命にお手本があったのである．また，生体分子から見たとき，マイクロメートルの加工技術では，まだあまりにも落差が大きすぎた．しかし，ナノテクノロジーの発展によって，タンパク質やDNAなど生体分子が，やっと自分の大きさに合った服を着られるようになったのである．ここにナノテクノロジーとバイオテクノロジーが融合する必然性がある．

ナノテクノロジーとバイオテクノロジーの融合領域には，物質科学と生命科学というまったく異なる歴史で発展してきた学術領域が横たわっている．この二つの領域の深い谷間は，1953年のワトソンとクリックのDNAの二重らせん構造の発見と，2003年のヒトゲノム（ヒトのもつすべての遺伝情報）の解読完了をもって急速に埋められた．ここに，ナノテクノロジーとバイオテクノロジーの融合が現実のものになったのである．しかし，それぞれの学問領域の研究手法には本質的な違いがある．その一つは，生命体は分子のレベルからヒトなどの生体のスケールまで非常に多くの階層をなし，それらが継ぎ目なしでつながっていることである．本書では，ナノテク研究者・学生のためのバイオ入門書として，階層構造の根底である分子のイメージに基づいて生命体の構造と機能を理解できるよう配慮した．

バイオの専門家にお叱りを受けることを承知で言えば，本書通じて，バイオはやさしい学問であることを実感していただけたら幸いである．

2006年12月

第1巻担当編集委員　荻野　俊郎
宇理須恒雄

目　次

オーバービュー ……………………………………………………………… 1

■ 細　胞

Chapter 1　細胞の構造と機能：細胞内 …………………………… 7
　Ⅰ．細胞について ……………………………………………………… 8
　Ⅱ．細胞を構成する分子 ……………………………………………… 9
　Ⅲ．原核細胞 …………………………………………………………… 16
　Ⅳ．真核細胞と細胞内オルガネラ …………………………………… 18
　Ⅴ．細胞内シグナル伝達 ……………………………………………… 20
　Ⅵ．ナノテクノロジーと生体分子イメージング …………………… 21

Chapter 2　細胞の構造と機能：細胞外 …………………………… 25
　Ⅰ．からだの組成・大きさ・速さ …………………………………… 25
　Ⅱ．細胞の取り扱い …………………………………………………… 28
　Ⅲ．細胞膜の構造 ……………………………………………………… 33
　Ⅳ．膜タンパク質の機能 ……………………………………………… 36
　Ⅴ．ナノテクノロジーと細胞 ………………………………………… 40

■ 生体材料 I

Chapter 3　タンパク質とバイオチップ …………………………… 43
　Ⅰ．タンパク質の構造と分子認識機能 ……………………………… 44
　Ⅱ．センサーとしてのタンパク質 …………………………………… 48
　Ⅲ．タンパク質チップ，バイオセンサー …………………………… 57

Chapter 4 タンパク質超分子を用いたナノ構造作製 ……… 61
   Ⅰ. バイオナノテクノロジー ……………………………………… 61
   Ⅱ. 高度な対称性をもつ天然タンパク質,ナノ構造体とナノバイオプロセスへの応用 ……… 63
   Ⅲ. 対称性を利用した人工タンパク質,ナノブロックの構築 ……… 71
   Ⅳ. バイオナノテクノロジーの未来 ……………………………… 78

Chapter 5 モータータンパク質とその利用 ……………… 80
   Ⅰ. モータータンパク質とは ……………………………………… 80
   Ⅱ. 運動の形態によるモータータンパク質の分類 ……………… 81
   Ⅲ. エネルギー源によるモータータンパク質の分類 …………… 84
   Ⅳ. モータータンパク質の1分子可視化技術 …………………… 86
   Ⅴ. モータータンパク質の1分子操作 …………………………… 88
   Ⅵ. 1分子ナノバイオ研究のためのマイクロマシンニング技術の利用 ……… 90
   Ⅶ. マイクロデバイス開発のためのモータータンパク質の利用 … 92

■ 生体材料 Ⅱ

Chapter 6 DNA の構造と機能 …………………………… 95
   Ⅰ. DNA の基本構造 ……………………………………………… 95
   Ⅱ. DNA の増幅法 ………………………………………………… 97
   Ⅲ. DNA の分析法 ………………………………………………… 99
   Ⅳ. DNA のハンドリング ………………………………………… 101
   Ⅴ. 1分子反応の観察 …………………………………………… 106
   Ⅵ. DNA の分子加工 ……………………………………………… 110

Chapter 7 DNA チップ,遺伝子診断技術 ……………… 114
   Ⅰ. DNA チップ:DNA の基板への固定化法 …………………… 115
   Ⅱ. DNA チップ:高感度化のための固-液界面の設計 ………… 118

Ⅲ．1塩基多型検出技術……………………………………………125

Chapter 8　**人工生体膜**……………………………………………130
　　　Ⅰ．生体膜の構造と特性……………………………………………130
　　　Ⅱ．脂質の構造……………………………………………………131
　　　Ⅲ．脂質膜やベシクルの構造と形成機構…………………………133
　　　Ⅳ．液晶相とゲル相の構造と物性…………………………………134
　　　Ⅴ．種々のベシクルの作製法とその特性解析……………………136
　　　Ⅵ．人工生体膜：黒膜から基板支持脂質二重層へ………………138
　　　Ⅶ．脂質二重層の基板表面への支持法……………………………138
　　　Ⅷ．基板支持脂質二重層の観察手法と基礎物性…………………142
　　　Ⅸ．基板支持脂質二重層の微細パターン化………………………144
　　　Ⅹ．基板支持脂質二重層中での分子輸送…………………………146
　　　Ⅺ．基板支持脂質二重層への膜タンパク質・ペプチドの組込み……147
　　　Ⅻ．基板支持脂質二重層のセンサー・スクリーニング応用………149

■　計測・解析技術

Chapter 9　**神経細胞ネットワーク**……………………………………152
　　　Ⅰ．神経細胞の構造と機能…………………………………………153
　　　Ⅱ．神経細胞における信号伝達……………………………………156
　　　Ⅲ．受容体の構造と機能……………………………………………158
　　　Ⅳ．AFMによる受容体の構造計測…………………………………160
　　　Ⅴ．受容体タンパク質の動的観察…………………………………164
　　　Ⅵ．神経ネットワークの機能計測…………………………………166

Chapter 10　**原子間力顕微鏡による生体材料計測**……………………171
　　　Ⅰ．原子間力顕微鏡について………………………………………171
　　　Ⅱ．どのような測定が必要か………………………………………178
　　　Ⅲ．どのような測定ができるか……………………………………180

Ⅳ. タンパク質の硬さ，柔らかさ …………………………………… 182
Ⅴ. DNA の弾性 ………………………………………………………… 183
Ⅵ. 細胞の硬さと柔らかさ …………………………………………… 184
Ⅶ. 細胞膜の力学的性質 ……………………………………………… 185

Chapter 11　タンパク質分子の力学特性：計算機シミュレーションによる理解 …………………………………………………… 190
Ⅰ. 蛋白質のイメージシミュレーション …………………………… 190
Ⅱ. 力曲線における溶媒効果 ………………………………………… 193
Ⅲ. 蛋白質の力学実験シミュレーション …………………………… 194
Ⅳ. 探針を用いた GFP の圧縮と蛍光の消失 ……………………… 197

索　引 ………………………………………………………………………… 201

───── ●表紙の図● ─────
PEG/ポリカチオンブロックコポリマーと DNA の共固定化表面（p.124 参照）

オーバービュー

荻野俊郎・宇理須恒雄

　本書は，生命科学をこれから学ぼうとしている読者を対象としている．本序論では，「バイオ入門」のさらに「導入部」として，生命科学とそのナノテクノロジーの概要を述べる．本書では，生体を構成している分子から細胞レベルまで，生体の階層ごとに解説されている．また，ナノテクによってバイオ研究の新しい展開がどのようにもたらされるか，あるいは逆に生体の各々の構成要素がどのようにナノテクに応用されるか，輪切りになって紹介されている．本序論では，分子生物学への導入を図るとともに，どの Chapter からでも読み始められるように，各 Chapter の位置付けと関係を把握していただくことを目的とする．

I. 生体の階層構造

　本書の読者には，ケイ素（Si）などの半導体を扱っておられる人もいるだろう．Si 結晶は，1 個の Si 原子に 4 個の Si 原子が配置した構造がくり返されており，階層的な構造はない．表面になると，表面原子が再配列し，またステップとテラスの配置などの階層構造が現れるが，それほど複雑なものではない．し

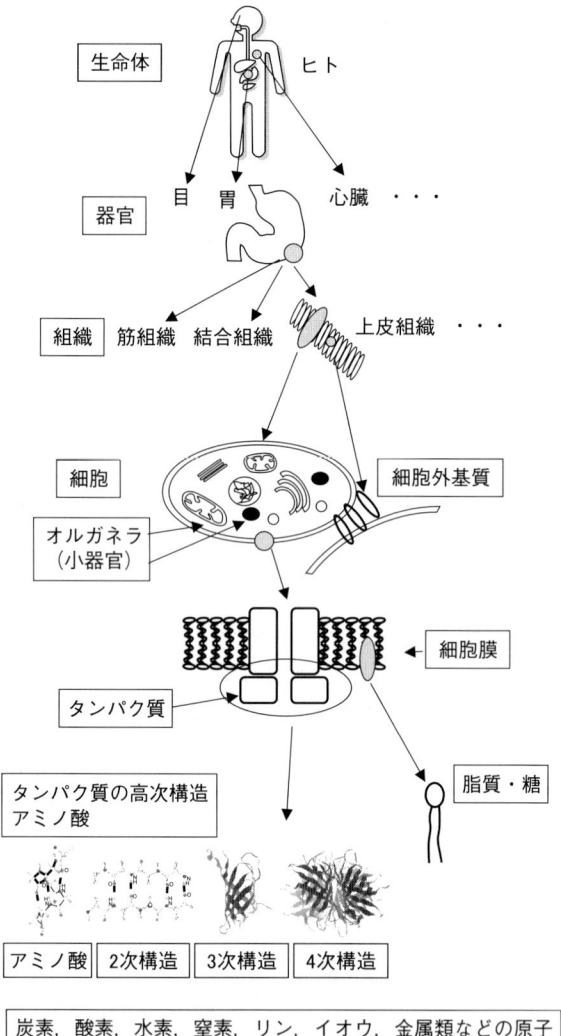

2　オーバービュー

図1　生体の階層構造

かし，生体では，分子レベルの構造からヒトなどの生命体まで，階層構造をなして精緻に組み立てられている．最初に，この階層構造を整理して把握しよう．

まず，図1を参照しながらトップダウンで見ていく．ヒト個体は筋肉，内臓，

脳など，さまざまな器官から構成されている．器官は「組織」，たとえば，上皮組織，結合組織，筋組織などから構成される．組織は，特定の構造と機能をもった細胞の集団である．細胞は，細胞外の物質（細胞外基質）を通じて結合し，あるいは細胞どうし直接結合して組織を作っている．本書は，ナノテクノロジーのバイオ研究への適用，あるいは，生体分子のナノテクノロジーへの応用を意図しているので，主として細胞から下の階層について解説している．

　細胞の内部構造については Chapter 1 で，細胞間の結合については，Chapter 2 で解説されている．細胞は生命機能の最小単位であると同時に，生命の基本機能をすべて備えている．細胞内にはさまざまなオルガネラ（小器官）が存在し，生命活動を担っている．細胞は，原核細胞とよばれる細胞の中に遺伝子が直接収まっているものと，細胞内でさらに遺伝子などが膜に覆われている真核細胞とに分けられる．原核細胞はバクテリアなど原始の細胞と考えられている．真核細胞は，より進化したもので，細胞内部にさらに膜で覆われた多くのオルガネラが存在する．

　細胞内の働きの概略を知るために，細胞の内部の構造といくつかのオルガネラの役割を例として取り上げよう．細胞内では，核の中に収められている遺伝子から複製された遺伝子の一部のコピーを使って新たなタンパク質が生産されている．タンパク質はさまざまな生命活動を担う．細胞内には，タンパク質を合成したり輸送したりするオルガネラが存在し，小胞体やゴルジ体とよばれる．ミトコンドリアは，生命活動のエネルギーとなる ATP（アデノシン三リン酸）を合成する．小器官の内部や膜上には，相互作用している各種のタンパク質が浮遊あるいは付着しており，さらに下の階層に属する糖や脂質の支援により生命活動を行っている．細胞が膜で覆われていると述べてきたが，この膜は脂質二重層（細胞膜）という流動性をもった二分子膜である．真核細胞の中のオルガネラも細胞膜と類似の膜で覆われている．脂質は疎水基と親水基をそれぞれ末端にもつ分子で，疎水基が内側に親水基が外側になるように向かいあって配列した二重層であり，人工的にも作ることができる．脂質二重層については，Chapter 8 で解説されている．

　以上のように，生体から小器官および核内に収められた DNA やタンパク質までの階層をトップダウン的に見てきた．この下の階層になると，分子生物学

という言葉どおり，分子または分子の集合体となってくる．遺伝子やタンパク質の構造を理解するには，原子分子から入ったほうが理解が容易であるので，ここで見方を変えて微視的な構造から見ていく．

生体を作る主要な原子は，炭素，窒素，酸素，水素，リン，イオウである．そのほかにも多くの元素が生命活動に必要とされているが，タンパク質や遺伝子，あるいは細胞膜などの基本骨格はこれらの元素からできている．また，エネルギー源となったりタンパク質の活動を支援したりする糖鎖，エネルギー源や細胞膜としてはたらく脂質においても主要構成元素は同じである．

まず，タンパク質の構造から見ていこう．タンパク質は，遺伝子の情報を基に細胞内で新たに作られる．その基本は，20種類のアミノ酸である．アミノ酸の化学式は Chapter 3 で述べられているとおり単純な分子である．図1の最下段の図（Chapter 3 の図3を再掲載）のように，アミノ酸が配列してタンパク質の一次構造を作り，それが複合してらせん状やシート状の2次構造を作る．さらにそれら2次構造の集合が3次元的に折りたたまれて3次構造のタンパク質分子となる．複数のタンパク質分子が結合して4次構造を作ることも多い．アミノ酸の種類は20種類であるが，20種類のアミノ酸を数十個配列させる組合せの数は事実上無限大である．そのため，さまざまな機能をもつタンパク質が生命活動を行っている．タンパク質の基本的な解説は Chapter 3 で，モータータンパク質とよばれる「運動するタンパク質」については Chapter 5 で解説されている．

タンパク質が生命活動の主役であるなら，生命体の情報を記憶し生命を再生するものが遺伝子である．この遺伝子の基本単位は4種類のデオキシリボヌクレオチド（deoxyribonucleotid）の鎖状重合体である DNA（deoxyribonucleic acid；デオキシリボ核酸）である．これら4種類のデオキシリボヌクレオチドは，5個の炭素原子が環状をなす5炭糖とリン酸からなる共通の骨格をもち，それぞれ異なる核酸塩基をもつ．この4種類の核酸塩基，すなわちアデニン（adenine；A），グアニン（guanine；G），シトシン（cytosine；C），チミン（thymine；T），の組合せによって遺伝情報を記憶する．これらの化学式の詳細は Chapter 6 に記述されている．遺伝子全体は，タンパク質のアミノ酸配列などを記述する遺伝子（DNA の配列で特定の情報をもつ単位）と，遺伝情報の区

切りや今のところ不要と考えられている DNA 配列とがつなぎ合わされた長い DNA の鎖である．あるタンパク質を合成したいときには，遺伝子のうち合成しようとしているタンパク質に相当する部分をコピーして用いる．この DNA の断片のコピーが RNA（ribonucleic acid；リボ核酸）で，チミンがウラシル（uracil；U）に置き換わっている．RNA 上の核酸塩基 3 個が 1 単位となってタンパク質のアミノ酸 1 個に対応し，細胞内で RNA からタンパク質が合成される．この過程はセントラルドグマとよばれている．

　細胞を構成する主要物質には，タンパク質と DNA のほかに糖と脂質がある．これらは遺伝子から合成されるものではなく，単独では生命活動に関わらない化学物質である．糖は，グリコーゲンなどエネルギーを貯蔵する物質であるほか，タンパク質と複合したり組織や器官の骨組みとなったりする．脂質分子は，炭化水素の鎖の一方の末端に疎水基をもち，もう一端に親水基をもつ分子である．すでに述べたように，細胞や細胞内オルガネラを覆う膜となるほか，エネルギーの貯蔵の役割ももつ．以上のほかに微量成分として，ビタミン（これも化学物質）や無機塩類などが細胞内に存在する．忘れてならないのは水の存在で，細胞の 70〜80% を占める．

　以上，生体の階層構造を述べてきたが，それぞれの機能については対応する Chapter をお読みいただきたい．

II. ナノテクノロジーとバイオテクノロジーの接点

　本書は，バイオ以外を専門分野とする学生，研究者を対象としており，とくに，ナノテクノロジーにも関心を寄せている（あるいは直接関係している）人を想定している．ナノテクノロジーとバイオテクノロジーには異なる 2 つの接点がある．まず，生命とは直接関係しないナノテクノロジー分野で生体分子のもつ機能や構造を利用しようというものである．ほんの 10 年くらい前まで，生体分子を情報処理や機械に用いることは，アイデアとしては語られていても，具体的な研究までには至っていなかった．しかし，近年の急速な融合化により，生体分子を人工システムの一部として，あるいは人工システムを作製するときのプロセスの材料として用いる具体的な提案が現れてきた．Chapter 4 では金

属を内包しているタンパク質分子を半導体微細加工に用いるプロセスを紹介している．この場合，タンパク質に内包されている金属のサイズが数ナノメートルであり，サイズ均一性がきわめてよいことが利用されている．

　もうひとつの接点は，ナノテクノロジーをバイオの研究や医療に用いるものである．これは，近年急速に進んできたため，まだ体系的には扱えない．トップダウンの技術から見ると，半導体デバイスで発展してきた微細加工技術は，高密度・微量バイオセンシングにおいて不可欠な技術となっている．ボトムアップの一例として，生体分子の可視化というものを取り上げてみよう．バイオテクノロジーの分野では，従来，蛍光法がもっぱら用いられてきた．蛍光法にはさまざまな方法がある．代表的なのは，タンパク質分子やDNAを蛍光色素で標識し，蛍光顕微鏡で観察する技術である．ここで，DNAに蛍光を発するタンパク質の遺伝子を組み込み，別の細胞に導入すると，細胞が蛍光を発するようになる．ここでも，蛍光材料として半導体・化学の分野で発展してきた量子ドットを用いる技術が開発されてきている．また，金属ナノ粒子を用いた高感度計測技術も発展している．ナノテクを用いた生体分子のイメージングや高感度計測については，Chapter 1および6～9で取り上げられる．さらに，ナノテクの計測技術の一般的手法となった走査プローブ顕微鏡は，バイオの世界でも必須の道具立てとなっている．Chapter 10～11では，原子間力顕微鏡による生体材料計測として，タンパク質やDNAなどの鎖がほどけていく力学過程の実験とナノ力学理論を紹介する．ナノテクノロジーの医療への応用も広い意味でのナノバイオの重要な領域である．一例をあげると，一般的にも話題にされるようになっているドラッグデリバリーという療法がある．これは，薬を必要な患部だけに送達することで患者の負担を減らすものであるが，ここでも薬を運ぶ担体としてナノテクが活躍する．

　生体分子とナノテクのスケールは，ほぼ同じナノメートル領域にある．ナノテクにとって生体のもつ機能はひとつの模範であり，バイオにとってナノテクは最も親和性の高い技術である．Chapter 1から，それぞれの基礎と先端の話題を織り交ぜて紹介していくこととする．

Chapter 1

細　胞

細胞の構造と機能：細胞内

小澤岳昌

● はじめに

　次章では，1つの生命体を構成する細胞の構造——細胞内の生体分子あるいはその集合体——とナノテクノロジーとの関わりについて述べられる．ナノテクノロジーに関わる研究には，2つの目的がある．1つは，細胞内の構造や機能の解明である．たとえばタンパク質1分子の運動をリアルタイムで計測したり，細胞内のナノスケールの構造体を詳細に解析するには，ナノテクノロジーが重要な役割を果たす．また細胞内の複雑なシグナル伝達過程を網羅的にひも解く作業は，ナノテクノロジーを利用した高度なスクリーニング技術が必用となる．もう1つは，細胞やその構成物質を利用して，新たな技術や物質を創出することである．巨大分子の化学合成やナノ領域の微細加工技術が発達して，ナノスケールの高次機能を有する物質が人工的に開発されている．一方，生物はタンパク質をはじめ DNA や RNA など，ナノスケールの分子集合体から構成されている．そして各々の分子は，長い年月を経て進化してきたたまものであり，人間の創造力では真似できない優れた機能性物質である．細胞内に包含されたこれら生体分子は，ナノテクノロジーの格好の材料となる．まずは，細胞内の基本構造とその機能について，最小限の知識をここでは述べる．

I. 細胞について

　この地球上には何百万に及ぶさまざまなタイプの細胞が生きているが，わずかに数千の細胞のみが詳細に調べられているにすぎない．その形や大きさは細胞の種類によってさまざまであり，一般化することはできない．しかし，すべての細胞に共通したいくつかの諸性質がある．たとえば，すべての細胞はDNAから構成される遺伝子に情報を蓄えていること，その情報はRNAに転写されその一部はタンパク質に翻訳されること，ATP分子を使ってエネルギー源から必要とする部位へエネルギーを転移させること，などがあげられる．

　細胞は構造上の違いから「原核細胞」と「真核細胞」に大きく分類することができる．それぞれの特徴を表1にまとめた．原核細胞はバクテリアや細菌などで代表されるように，1つの細胞が独自の生命活動を営んでいる．一方，真核細胞は，酵母のように1細胞で生命活動を維持する細胞もあれば，動物や植物のように細胞が集団となって生命体を構成するものもある．また真核細胞は，細胞内に膜で囲まれた小器官——オルガネラが存在する（図1）．原核細胞には細胞内オルガネラが存在しない．以下では，細胞を構成する分子について紹介し，原核細胞と真核細胞それぞれについて，ナノテクノロジーとの関連を述べる．

表1　原核細胞と真核細胞のおもな相違点

原核細胞	真核細胞
核膜がない	核膜がある
DNAにヒストンが結合していない	DNAにヒストンが結合している
単一染色体	2つ，またはそれ以上の染色体
細胞の大きさ：通常，数 μm^3 以下	細胞の大きさ：通常，数 μm^3〜数 mm^3
細胞内オルガネラが存在しない	細胞内オルガネラが存在する
細胞骨格を形成する微小管，ミクロフィラメントが存在しない	細胞骨格を形成する微小管，ミクロフィラメントが存在する

ヒストン，細胞内オルガネラについては本文参照．

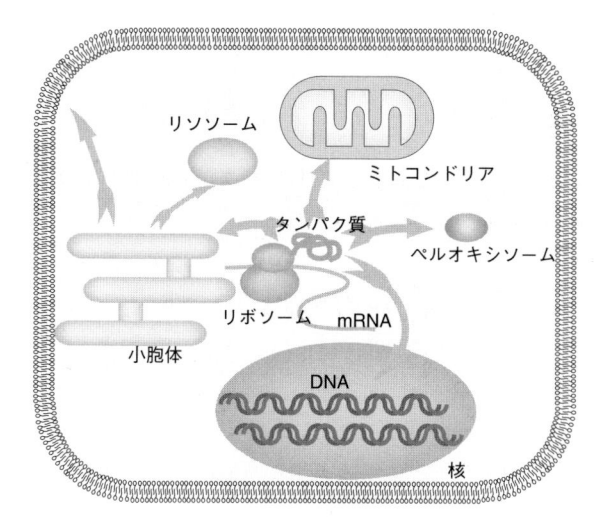

図1 真核細胞と細胞内オルガネラ
オルガネラには,核,ミトコンドリア,小胞体,リソソーム,ペルオキシソームなどがある.

II. 細胞を構成する分子

　細胞の主要な3つの構成成分は,水,無機イオン,有機分子である.このうち,ナノテクノロジーが密接に関わるのは有機分子である.細胞内に含まれる有機分子の分子種は,化学的にはきわめて複雑である.たとえば代表的な原核細胞である大腸菌でさえ,5,000〜6,000の異種有機分子を含む.機能と構造の複雑さを考えれば,真核細胞はさらに多種類の有機分子を含むであろう.こんなにも多数の分子が存在したら,その構造や機能の解明は不可能に思えるかもしれない.しかし,細胞の化学的成分は大きな種類にまとまっているため,大枠を理解することは可能である.

1. DNAとRNA

　細胞には2種類の核酸,デオキシリボ核酸(deoxyribonucleic acid;DNA)(図2)とリボ核酸(ribonucleic acid;RNA)とが含まれている.図3A,Bに示すように,その化学的差異はわずかである.しかし細胞内では,DNAとRNAは

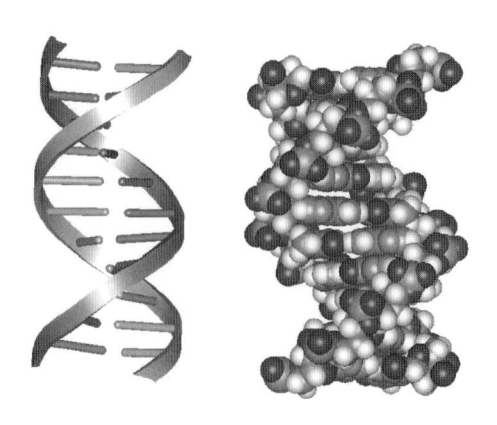

図 2　DNA 二重らせん
（左）リン酸ジエステル結合をリボンで，核酸塩基をスティックで示した．（右）左図の表面・空間充填モデル．

まったく異なる機能を担っている．DNA は，生命の遺伝情報を維持する一次元メモリーである．化学的には，デオキシリボースがリン酸ジエステル結合で連結し，アデニン（A），シトシン（C），グアニン（G），チミン（T）が鎖状に連なった高分子である．DNA の最も重要な特徴は，相補的な塩基対（A＝T，G＝C）を形成して 2 本鎖を形成することである．この特徴を応用して，さまざまなナノテクノロジーが展開されている．詳細は第 7 章の DNA チップの節で述べられる．一方，RNA はタンパク質合成の中心的役割を果たす．細胞内でどのような RNA がどの程度発現しているかを解析することは，現在の生命科学研究において重要な課題である．また RNA は，「リボザイム」とよばれる RNA 自身を切断したり貼りつける機能も有している．この酵素としての機能を利用して，がん遺伝子の RNA やエイズウイルスの DNA を特異的に認識して分解する，機能性分子の開発が進められている．リボザイムは新たな治療法となる可能性を秘めており，今後の応用展開が期待される物質である．

　DNA や RNA は，生命科学研究の対象としてもたいへん興味深い．たとえば，DNA から RNA への転写過程は細胞内で厳密かつ精緻に制御されており，そのメカニズムの解明は重要な課題である．真核生物の DNA は引き延ばすと 1 本の長さが数メートルにも及ぶ．この DNA がどのようにマイクロメートル

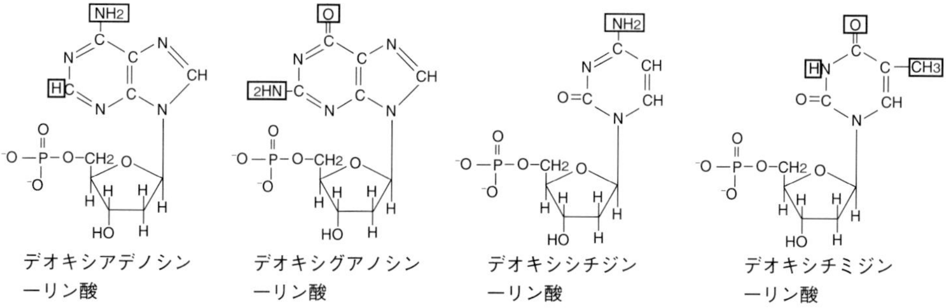

NH2
H
2HN
O
CH3
デオキシアデノシン一リン酸
デオキシグアノシン一リン酸
デオキシシチジン一リン酸
デオキシチミジン一リン酸

図 3A　DNA を構成する 4 種類のヌクレオチド

4 種のヌクレオチドは窒素塩基のみ異なり，他の部分は同じである．□で囲った原子（分子）は，2 種のプリン（アデニンとグアニン），2 種のピリミジン（シトシンとチミン）それぞれの間の差異を示す．

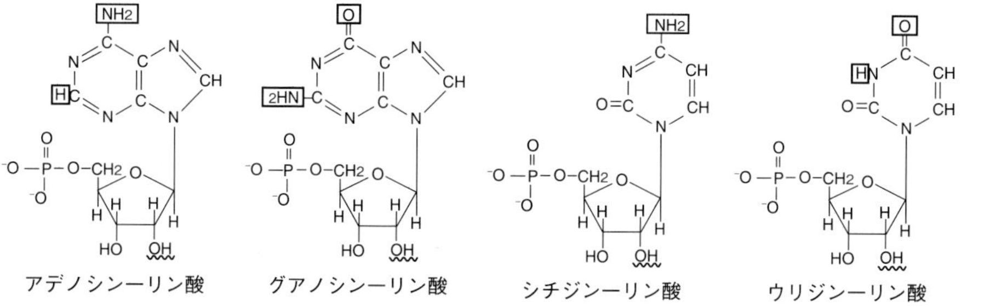

NH2
H
2HN
O
OH
アデノシン一リン酸
グアノシン一リン酸
シチジン一リン酸
ウリジン一リン酸

図 3B　RNA を構成する 4 種類のヌクレオチド

4 種のヌクレオチドは窒素塩基のみ異なり，他の部分は同じである．□で囲った原子（分子）は，2 種のプリン（アデニンとグアニン），2 種のピリミジン（シトシンとチミン）それぞれの間の差異を示す．波線の原子は，DNA との差異を示す．

オーダーの核内に収められているのだろうか．このDNA の格納には，ヒストンとよばれるタンパク質が用いられる．ヒストンは，8 つのヒストン分子が 1 つの集合体となり，約 200 塩基対の DNA が巻き付いた形（ヌクレオソーム）で存在する（図 4）．ヌクレオソームはさらに寄り合わさって，ナノスケールの繊維状構造体を構成する．これらの知見は，電子顕微鏡による観察や生化学的研究により解明されてきた．しかし，このようなヌクレオソームの DNA はいつ巻きがほどけるのか，RNA 合成酵素はどのように DNA のレール上を走るのか，つくられた RNA はどのように核外に運ばれるのかなど，その動的過程は

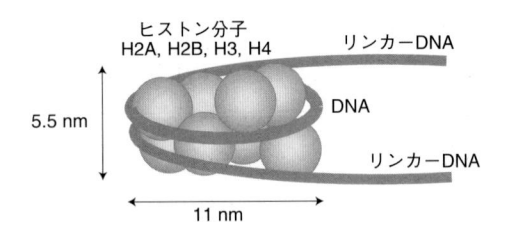

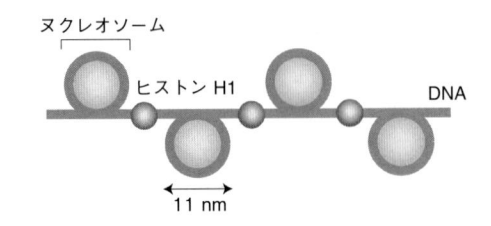

図4 ヒストンとヌクレオソームの構造

DNAはヒストン8量体（2分子ずつのH2A，H2B，H3，H4）の周りを約2回転巻きつく．さらにリンカーDNAを経て，次のヌクレオソームにつながる．ヒストンH1は，個々のヌクレオソームの間のリンカーDNAに結合する．

まだ多くの謎に包まれている．これらの謎を解明するには，これから展開されるであろうナノテクノロジーが大きな威力を発揮する．

2．タンパク質

　タンパク質は20種類のアミノ酸が連なったポリペプチドで，分子量がおよそ1万以上のものをいう．それ以下の分子量のものはペプチドとよぶが，タンパク質とペプチドとを区別する厳密な定義はない．タンパク質のおもな生化学的役割は，以下のように分類できる．
(1) 酵素触媒作用：ステロイドホルモンや脂質合成，タンパク質のリン酸化など
(2) 輸送と貯蔵：イオンの細胞内貯蔵や酸素などの運搬
(3) 力学的支持：細胞骨格の形成
(4) 運動：ATP合成における分子の回転や筋収縮におけるアクチン・ミオシン相互作用など
(5) 情報伝達：細胞外刺激を細胞内で伝達するための，タンパク質間相互作

用やタンパク質の修飾

　これらはすべて生命科学研究の重要な対象であり，またタンパク質そのものがナノテクノロジーのツールになりうる（第3章以降参照）．まずはタンパク質の構造について簡単に説明する．

　タンパク質を構成するアミノ酸は，疎水的性質を有するものと，親水的性質を有するもの，さらに正電荷や負電荷をもつアミノ酸に分類される．各々のアミノ酸はペプチド結合で連結し，折りたたまれ，そして特有の機能を発揮する．アミノ酸が100個連なっただけでも，20^{100} 通りの組合せが存在する．したがって，人工的にランダムにアミノ酸を連結してタンパク質を創り出しても，酵素のような特定の機能を付与することはとうてい不可能に近い．

　タンパク質の立体構造は，さまざまな種類のタンパク質について，X線結晶構造解析やNMRなどにより解明されている．タンパク質の折りたたまれた姿の概略を理解するには，まずアミノ酸側鎖を考慮せずにペプチド結合で連結した基本骨格だけをたどるのがよい．ここでは緑色蛍光タンパク質（GFP）のX線構造解析の座標データを基に，その立体構造をみてみよう（図5）．タンパク質の基本骨格は，αヘリックスとβシートという特徴的な2種類の構造をとる．ここでは，αヘリックスは紐のスパイラルで，βシートは平板矢印で示す．GFPの立体構造は11回のβシートが交互に組み合わさって，カン（桿）状構造を有していることがわかる．さらにそのカンの上下には，小さなαヘリックスで蓋をしたような構造を見てとることができる．さらに重要なのは，カンの内部に有機分子が存在することである．これはGFPのカンの内部で自発的に合成された蛍光団であり，この蛍光団はカン状構造にしっかりと守られていることがわかる．次にアミノ酸側鎖も含めた構造を，原子レベルで見てみる．するとカンの中が中空にみえたタンパク質の構造は，アミノ酸側鎖の原子でぎっしりと充填されていることがわかる．このような立体構造に関するデータは，機能性分子の開発や，阻害剤の薬品開発など，タンパク質を利用したナノテクノロジーの重要な情報となる．タンパク質の原子座標データはProtein Data Bank（PDB．http://www.pdbj.org/index.html）から，また構造を作成するソフトはフリーウェア RasMol（http://www.umass.edu/microbio/rasmol/）や Swiss PDB Viewer（http://ca.expasy.org/spdbv/）などがあるので，興味がある方は，

横から見た構造　　　上から見た構造

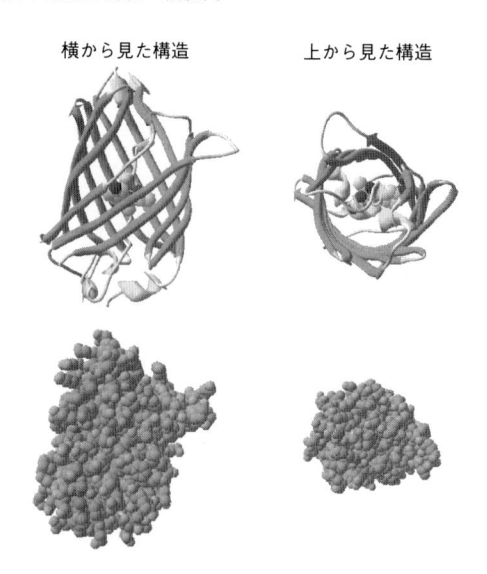

図 5　GFP タンパク質の立体構造
上はタンパク質の基本骨格構造を示す．平板矢印：β シート，紐のスパイラル：α ヘリックス．下は，アミノ酸側鎖を含めた構造を示す．

　タンパク質のナノワールドを遊び心で実際に見ていただきたい．
　細胞内のタンパク質には，互いに相互作用し巨大分子を形成するものがある．たとえばタンパク質の生合成の場である「リボソーム」は，直径 20～30 nm の球状をしており，2 種類のサブユニットから構成される（図 6）．大腸菌の場合，各々のサブユニットは 30 S と 50 S とよばれ，30 S には RNA 1 分子と 21 個のタンパク質が，50 S には RNA 2 分子と 34 個のタンパク質が含まれる．これら各々のタンパク質は，試験管内の溶液中でも自己集合して，その活性を回復する．この特性を利用して，試験管内でタンパク質合成を行う，いわゆる無細胞系タンパク質合成システムが開発されている．これまでは，タンパク質の大量合成に大腸菌を利用してきたが，タンパク質の精製に労力を必用とした．また細胞毒性の強いタンパク質の合成は，大腸菌が死滅してしまい大量合成ができなかった．無細胞系タンパク質合成はさまざまなタンパク質合成を可能にした点において，ナノテクノロジーの優れた応用例のひとつである．

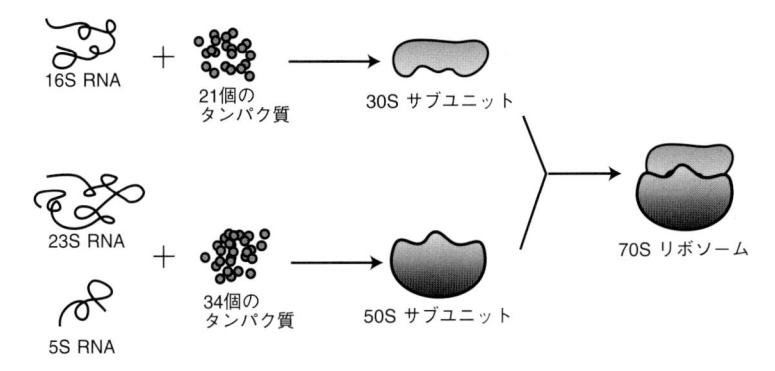

図中テキスト:
- 16S RNA + 21個のタンパク質 → 30S サブユニット
- 23S RNA + 5S RNA + 34個のタンパク質 → 50S サブユニット
- 30S + 50S → 70S リボソーム

図6 大腸菌リボソームの会合過程

大腸菌からリボソームを精製した後，3つのRNAと55個のタンパク質に解離させても，各成分を適当な条件下で順序よく混ぜると，再会合して活性をもったリボソームを試験管内でつくることができる．

3. 脂質と膜

　原核細胞も真核細胞もともに4～5 mmの厚さからなる脂質二重層で覆われている．原核細胞の大腸菌は，脂質二重層が2層重なった構造からなる．一方，真核細胞は1層の膜からなるが，その内側に多種類の細胞内オルガネラが存在する．脂質の機能は細胞機能を理解する上できわめて重要である．脂質の親水基と疎水基をともに含んでいる特性——両親媒性を生かして，ナノ材料としての応用が始まっている．

　多くの脂質は図7に示すように，3種の小分子から構成されている．長い疎水性の尾をなす2分子の脂肪酸，1分子のグリセロールリン酸，および頭部に位置するコリンあるいはエタノールアミンである．脂肪酸は炭素鎖に二重結合が存在するか否かで，飽和脂肪酸と不飽和脂肪酸に分類される．また，生合成過程において2炭素ずつ伸張することから，自然界に見られる分子の炭素数は16，18，20といった偶数が一般的である．

　両親媒性の分子を水に分散させると，疎水性部分どうしが相互作用して相をつくり，一方，脂質の極性端は水との接触を保つ．このような集合体をミセルとよぶ．また，脂質の中に水をため込んだ中空の小胞もつくることができる．これはミセルと区別して，リポソームとよぶ．脂質を利用した応用については，

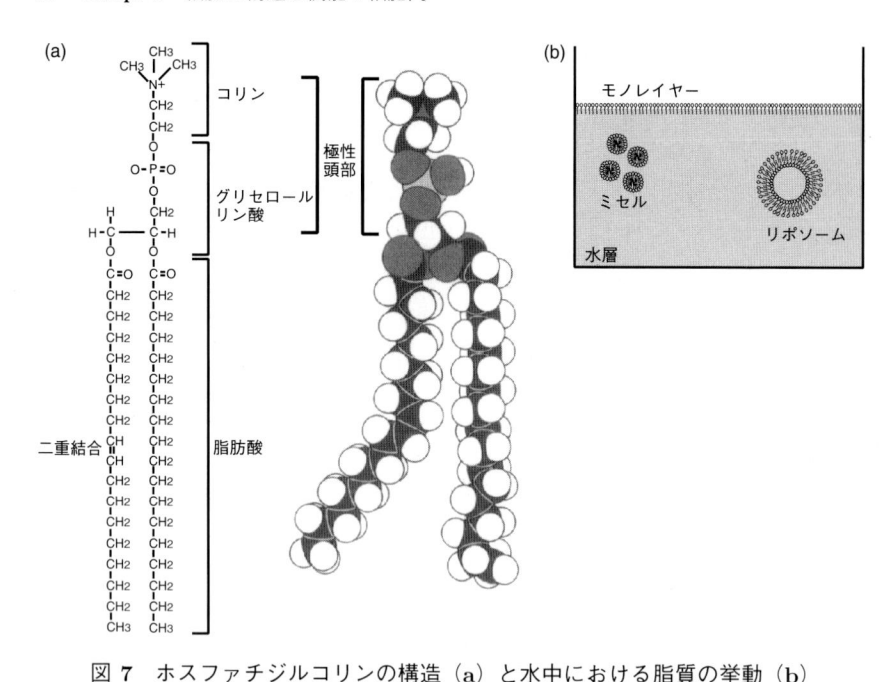

図7 ホスファチジルコリンの構造（a）と水中における脂質の挙動（b）
(a) 脂質分子は2種類の脂肪酸，グリセロールリン酸，コリンからなる．脂肪酸は疎水性，極性頭部は親水性である．(b) 気液界面にはモノレイヤーが形成される．水層ではミセルが形成される．超音波処理などを行えばリポソームが形成される．

第8章「人工生体膜」で詳しく述べられる．

III. 原核細胞

　もっともよく研究が進んでいる原核細胞のひとつは大腸菌（*Escherichia coli*）である．大腸菌は真核細胞に比べて小さく，円筒形の構造をしており，長さが $2\,\mu m$，直径が $1\,\mu m$ 程度である．大腸菌は至適な温度や培地などの生育条件が整えば，すべての細胞内成分を倍加して分裂するのに，わずか20分しか必用としない．1個の大腸菌は12時間で 3×10^{11} 個以上にまで増殖する計算になる．また大腸菌の細胞内には，リボソームとよばれるタンパク質合成装置が多数詰まっている．したがって大腸菌は，人工的に目的のタンパク質を大量生産する

ための「合成工場」としてよく利用されている．

　大腸菌は，細胞内の基本生命メカニズムを解明するための格好のターゲットである．大腸菌の細胞内現象を解明するためには，その細胞の大きさから，ナノ領域の探査が必用である．たとえば1個の大腸菌内でDNAからRNAが合成され，タンパク質がつくられる様子が観察されている [1,2]．ナノテクノロジーの優れた応用研究の一例である．

　大腸菌以外の原核細胞もナノスケールのすぐれた機能性分子を提供する．ヒトが生きる生活環境とはまったく異なる極限環境条件下において生存する生物がいる．極限環境条件とは，たとえば100℃近くの温泉水や，1,000気圧にも及ぶ深海底，飽和状態に近い食塩水，pH 1 近くの酸性条件やpH 12付近の塩基性条件のことをいう．このような極限環境条件の中で棲息するバクテリアは，特異な機能性分子を多分に含んでいる．これらは，ナノ材料として産業応用に結びついている．ここでは温泉水に棲息する高度高熱菌由来のDNA合成酵素"DNAポリメラーゼ"について紹介する．

　現在，生命科学分野で目的の遺伝子を人工的に増幅するには，PCR (polymerase chain reaction) 法を利用する（図8）．PCRを行うには，溶液中に鋳型となるDNA，基質となるデオキシヌクレオチド (dNTP)，増幅するDNA配列の両末端に相補的に結合する20塩基程度のDNA（プライマーとよぶ），そして耐熱性DNAポリメラーゼを混合する．この混合物を以下のステップで30回程度，熱の変調をくり返す．

(1) 反応液を加熱して，2本鎖DNAを1本鎖にする．
(2) 反応液を冷却して，プライマーを鋳型DNAに結合させる（アニーリングという）．
(3) 反応液を加熱して，DNA合成を行う．

　このサイクルを n 回くり返すことにより，理論的には 2^n 分子の鋳型DNAが形成される．もし耐熱性DNAポリメラーゼを用いずヒトのポリメラーゼを使用すれば，1回目の (1) のステップですでにポリメラーゼ活性が失活してしまい，DNA合成はおこらない．このPCR法は，耐熱性DNAポリメラーゼが重要な鍵を握っている．

　ほかにも，塩基性条件下で棲息する微生物から抽出されたさまざまな分解酵

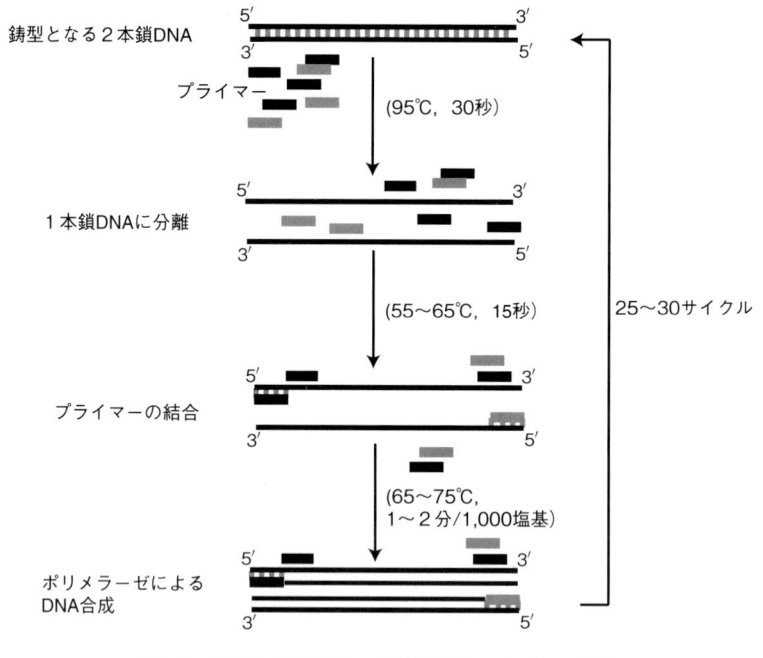

図8 PCRの原理と一般的手法　➡口絵1参照

素が家庭用洗剤に利用されている．極限条件下から，今後さらに興味深いナノ材料が見いだされることであろう．

IV. 真核細胞と細胞内オルガネラ

　真核細胞の重要な特色は，膜で囲まれた細胞内オルガネラが存在することである．オルガネラは高次機能を有するタンパク質を膜内に取り込み，下記に示すオルガネラ特有の機能を発揮する．細胞内オルガネラのサイズは数十 nm〜数 μm までさまざまである．光学顕微鏡ではその分解能に限界があるため，オルガネラ内の詳細な解析を行うことはむずかしい．オルガネラの機能解析には，ナノ分子を利用した新たな技術が必用である．ここでは代表的なオルガネラとその機能についてまず概説する（図1参照）．

核（nucleus）：核は 1〜10 μm の大きさで，光学顕微鏡でもっともはっきり確認

できるオルガネラである．脂質二重膜からなる袋状の核膜によって，細胞質と仕切られている．核膜には核膜孔とよばれる穴が空いており，核内外のタンパク質などの物質輸送を担っている．核内には DNA が存在し，RNA 合成が行われる．

ミトコンドリア（mitochondrion）：細胞のエネルギー代謝において最も重要な細胞内小器官である．そのサイズは直径 $0.2 \sim 0.5 \mu m$ であり，球状の構造かあるいは紐状構造が編み目のように張りめぐらされた構造をとる．この特異的な構造は，細胞の種類や外的環境に依存する．また，2 枚の脂質二重膜からなるのもミトコンドリアの特徴である．内側の膜はタンパク質を多く含み，密に折りたたまれ，ATP 合成の場となる．内側の膜内の空間はマトリックスとよばれ，全長 $5\mu m$ の環状二重らせんのミトコンドリア DNA をもつ．ミトコンドリアは ATP の大部分を供給するため，ミトコンドリアの機能不全は重篤な疾患につながる．

小胞体（endoplasmic reticulum）：小胞体は平たい袋と管からなり，細胞質全体に広がって細胞内空間を区分している．小胞体はその表面に吸着したリボソームにより合成されたタンパク質を膜内に取り込み，膜タンパク質や分泌性タンパク質の合成および修飾を行う．

ゴルジ体（golgi body）：ゴルジ体は，膜で囲まれた平たい袋が積み重なった構造体である．小胞体中で合成されたタンパク質を加工処理し，濃縮し，そして小胞に詰め込む働きをする．これらの分子は細胞表面外膜の一部になるか，細胞外に放出される．また一部はリソソームに輸送される．

リソソーム（lysosome）：リソソームは，$0.2 \sim 0.5 \mu m$ からなり，物質の消化作用を担うオルガネラである．膜内を酸性条件に維持し，加水分解酵素などにより膜内に取り込まれた物質を分解する役割を担っている．

ペルオキシソーム（peroxisome）：ペルオキシソームはリソソームとほぼ同じ大きさと形をしているが，その役割はリソソームとは異なる．酸素と種々の化合物とを反応させて，過酸化水素をつくる酵素を含んでいる．この有害な過酸化水素はカタラーゼとよばれる酵素により水と酸素に分解される．

ほかにも，植物細胞には特異的な液胞や葉緑体が存在する．

オルガネラに含まれるタンパク質は，通常，細胞質で合成される（ミトコン

ドリアだけは例外で，ヒトの場合には13種類のタンパク質がミトコンドリア内でつくられる）．細胞質でつくられたタンパク質は，核やミトコンドリアや小胞体やペルオキシソームに運ばれる．この輸送には，タンパク質に含まれる短いペプチド鎖がシグナルとなり，各々のオルガネラに輸送されることが知られている．小胞に輸送されたタンパク質はゴルジ体に運ばれ，そこで細胞膜やリソソームや細胞外に仕分けされる．このように，真核細胞内では，各々のオルガネラが特有の機能を発揮し，精緻に制御されることによって，1細胞としての生命体を構築している．これらオルガネラの特異な構造や独自の機能もまだまだ未解決の問題が多く残されており，現在の生命科学研究の重要な課題のひとつとなっている．

V. 細胞内シグナル伝達

　真核細胞では，細胞外刺激を感受するためのレセプターが，細胞膜上に存在する．このレセプターが感受した信号は，細胞内でどのように伝達されるのだろうか．多くはその情報が核内に伝えられる．そして長いDNAの特定の部位に作用して，RNAを転写しタンパク質合成を行う．このようなシグナル伝達は，ホルモン，神経伝達物質，隣接する細胞との直接的な相互作用などによってひき起こされる．さて，シグナル伝達で知りたい共通した事象は，
(1)　タンパク質がどのような活性をもつか
(2)　何と相互作用するか
(3)　どのような反応をひきおこすか
であろう．そして，1つのタンパク質だけで対象とする生命現象を説明できるわけでなく，連続する反応系，あるいは一連のタンパク質間相互作用の解明が，生命現象の分子機構の理解には重要である．すなわち，シグナル伝達を理解する第一歩は，細胞内のイベントを点で理解するのではなく，線で結ぶことである．たとえば酵母という特定の細胞の中で，どのタンパク質とどのタンパク質が相互作用するか，一連の相互作用を線で結ぶ作業ととらえてよい．また，細胞内のシグナル伝達には，リン酸化による修飾が重要な鍵を握る．ある細胞に特定の刺激が加わったとき，どのタンパク質の何番目のアミノ酸がリン酸化さ

れているか，網羅的に調べることはシグナル伝達の現象解明に大きく前進する．この目的のためには，いわゆるタンパク質の網羅的な解析——プロテオーム研究が必用である．

さらに重要なことは，シグナルは時間を追って，時々刻々と変化することである．単に線で結ぶだけでは，細胞のある状態の記述にすぎない．細胞膜上のレセプターの情報がどのように細胞内に伝達されていくか，タンパク質が細胞内をいつ，どこで相互作用し，どこに向かっていくのか，ダイナミックな動きをビデオ撮影のように，時間軸を追ってとらえることが必用である．この目的のためには，生体分子イメージングが重要な技術となる．以下，分子イメージングにおけるナノテクノロジーの役割について紹介する．

VI. ナノテクノロジーと生体分子イメージング

近年，分子イメージングという言葉が盛んに使われている．古くは核医学の分野において，アイソトープ標識した生体分子をトレーサーとして，その体内動態を検出する方法のことを分子イメージングとよんでいた．しかし近年では，ラジオ波を利用した fMRI (functional magnetic resonance imaging；核磁気共鳴画像）や，可視光を利用した蛍光や発光イメージング（optical imaging；光学イメージング）も，生体分子を低侵襲的に可視化する意味で分子イメージングとよんでいる．ここでは，蛍光と発光イメージングにおけるナノテクノロジーを紹介する．

生きた細胞や動物個体内における特定のタンパク質について，その機能や動態を可視化することができれば，タンパク質の真の姿の理解につながるであろう．しかし，細胞内で動き回る特定のタンパク質を，何も目印をつけずに検出することは困難である．そこで，タンパク質を蛍光物質や発光物質で標識（プローブ）し，そのプローブからの電磁波を指標としてイメージングする方法が一般的である．蛍光物質には，緑色蛍光タンパク質（green fluorescent protein；GFP）あるいはその誘導体がよく利用される．GFP は，1962 年に下村脩博士が初めてオワンクラゲから単離精製したタンパク質である [3]．調べたいタンパク質（X）の遺伝子と GFP の遺伝子を連結して細胞内に導入すると，タンパク質

XとGFPの融合タンパク質が細胞内でつくられる．このGFPの細胞内における局在を蛍光顕微鏡で観察すれば，Xの細胞内局在を簡単に調べることができる．また発光タンパク質には，ホタル由来のルシフェラーゼとよばれるタンパク質が用いられる．ルシフェラーゼは，最大発光波長562 nmのブロードな発光スペクトルを示す．ルシフェラーゼは基質となるルシフェリンとATPを利用して，化学エネルギーを光エネルギーに変換する酵素である．したがって，外部からの励起光源を必用としないため高感度に検出できる利点を有する．この利点を生かし，現在，マウス個体を用いた発光イメージングが盛んに行われている．このイメージング技術は，環境変化や疾病や加齢の過程などでさまざまに変動する遺伝子発現のイメージング法として用いられてきた．筆者らはこのルシフェラーゼをさらに応用して，タンパク質のオルガネラ移行の検出に応用している．ここでは，アンドロゲン（男性ホルモン）レセプター（androgen receptor；AR）の核内移行のイメージングを紹介する[4]．

　ARが男性ホルモン（dihydrotestosteron；DHT）に結合すると，細胞質から核内に移行する（図9A, B）．このARの核内移行をマウス個体内でイメージングするために，ウミシイタケ由来のルシフェラーゼ（Rluc）を用いる．このルシフェラーゼには，ARが核内に局在したときのみ発光する特別なしくみが仕掛けてある．このルシフェラーゼを発現した細胞にDHTを添加すると，ARが核内に移行して，DHT濃度依存的にルシフェラーゼの発光強度の増大が観測される．また，この培養細胞を生きたマウス個体の四肢の皮下に移植してDHTを尾の静脈に投与すると，マウス個体から強い発光を観測することができる．ルシフェラーゼの発光強度を指標に，ARの核内移行の経時変化を追うことも可能である．

　マウス個体のイメージングには，量子ドット（quantum dot）もしばしば用いられる．量子ドットは直径がナノメートルサイズの新たな蛍光物質であり，プローブの基礎材料として注目を集めている[5]．量子ドットの大きな特徴は退色が少なく，蛍光波長領域が30 nm程度と狭いことがあげられる．量子ドットはまだタンパク質の標識や細胞内への導入などに課題を抱えているが，今後イメージングのための蛍光材料として期待される物質である．

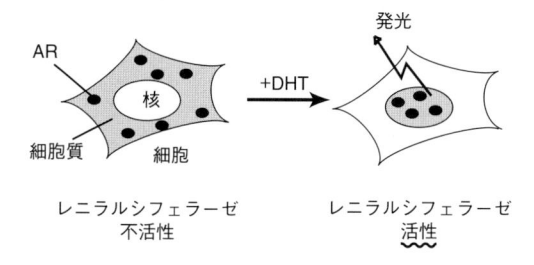

図 9A タンパク質核内移行検出法
アンドロゲンレセプター（AR）が細胞質から核内に移行すると，レニラルシフェラーゼの発光能が上昇する．

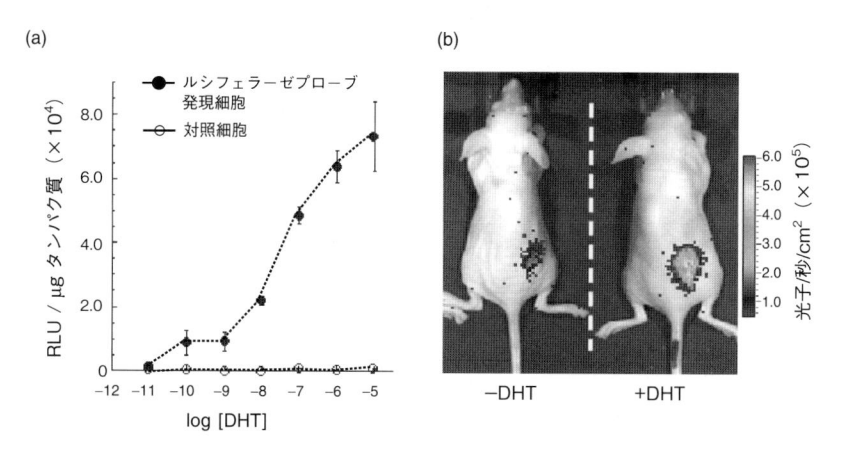

図 9B DHT 濃度依存的な AR 核内移行と，マウス皮下における AR 核内移行の *in vitro* イメージング

(a) レニラルシフェラーゼ (RLU) プローブを発現した培養細胞に DHT を添加し，発光強度をルミノメータで測定．(b) マウスの皮下にレニラルシフェラーゼプローブを発現した培養細胞を移植．DHT を尾の静脈に注入した後，ルシフェラーゼの基質を腹膜に加えてイメージングした結果を示している．

●おわりに

細胞はナノテクノロジーのための材料の宝庫であると同時に，それ自体がきわめて重要な解析対象でもある．生命科学研究の発展はきわめて著しいため，一人の人間がすべてを網羅的に理解することはとうてい不可能である．しかし，われわれには思いもよらない生物が地球上には棲息し，優れた機能性物質を含

有していることが多い．興味深い生物や細胞内シグナルに関する知識に貪欲であれば，新たなナノテクノロジーを切り拓く機能性分子を手にすることができるかもしれない．ナノテクノロジーを使って生命現象の重大な発見につながれば，さらに喜びも大きなものとなるであろう．

文献

[1] Yu, J. *et al.*: *Science*, **311**, 1600-1603 (2006)
[2] Cai, L. *et al.*: *Nature*, **440**, 358-362 (2006)
[3] Charfie, M., Kain, S. (ed): Green Fluorescent Protein: Properties, Applications and Protocols, John Wiley (2005)
[4] Kim, S. B. *et al.*: *Proc. Natl. Acad. Sci. USA*, **101**, 11542-11547 (2004)
[5] Michalet, X. *et al.*: *Science*, **307**, 538-544 (2005)

Chapter 2

細　胞

細胞の構造と機能：細胞外

岩田博夫

●はじめに

　この本を手に取る方の中には，何らかのナノテクノロジーの研究手法を有していてそれをバイオ研究に応用してみようとする方，または，バイオ研究をしていて新しい研究手法を探している方の2通りの方がおられるでしょう．本章は，前者の方々に細胞に関する初歩的な予備知識を提供することを目的に執筆した．より詳しいことは章末にあげた文献を参照していただきたい．

I. からだの組成・大きさ・速さ

　ヒトの体にある細胞の数は60兆個と想像を絶する数ではあるが，その種類はさほど多くなく250種類程度である．ヒトの体の組成は，18％がタンパク質，15％が脂肪，7％が無機質，0.05％が炭水化物で，残りの60％が水である．細胞の中にある水と外にある水は，それぞれ40％と20％である．
　細胞は，合目的機能を行う組織を構成する．組織は，自由表面を覆う上皮組織，生物学的充填材としての役割をする結合組織，血液，筋組織，神経の5つに大別される．図1には上皮組織と結合組織を模式的に示した．細胞・組織が

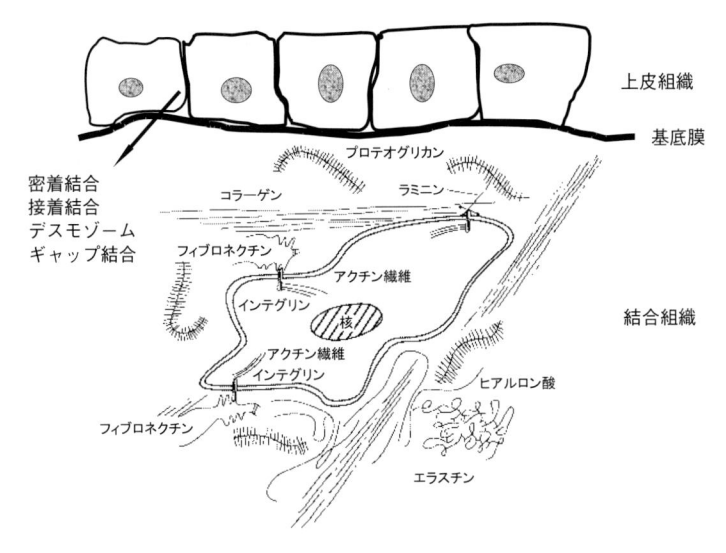

図1 上皮組織と結合組織の模式図

集まってまとまった働きをする器官となる．たとえば胃では，その内側の上皮組織は，円柱状細胞によりタイルを敷き詰めたように覆われ，ところどころ陥没して胃液を出す胃腺を形成している．この上皮組織の外側には結合組織，すなわち細胞密度の疎な組織層があり，さらに，その外側には胃袋の運動をつかさどる筋組織がある．さらにその外側を比較的丈夫で薄い結合組織が胃という器官を包んでいる．

血液は，多くのタンパク質を含む血漿と赤血球や白血球の血球成分とからなり，血液の体積分率で40％近くが血球である．赤血球は直径約 $8\,\mu m$ の細胞であり，容易に均質な細胞として得ることができる（図2）．しかし，赤血球は普通の細胞とは異なり核をもっていない．一方，神経のように細胞の端から端までの長さが1m近くになるものもある．両極端の細胞を紹介したが，多くの細胞の直径は $10\,\mu m$ の程度である．1つの細胞には 10^6 種類の分子が存在し，このうち約半分が無機イオンや低分子であり，残りが分子量1万を超える生体高分子である．

まったく新しいものを研究対象に選ぶと，長年の研究で身に着いた感覚が通用しない．形を見るにはどのようなプローブを用いたらいいのか，反応を観る

には時定数がどの程度の計測機器を用いたらいいのか，戸惑うことが多いと思う．図2に生物関連物質の大きさを表すものの実例を示した．表1には知っていると便利な概数を紹介した．動物細胞の大きさは上記したように直径は $10\,\mu m$ の程度であり，ナノテクノロジーを文字どおり，扱う対象のスケールがナノメートルと解釈すると，細胞自体はナノテクノロジーの対象とするには少し大きく，それを構成する細胞内小器官，タンパク質，DNAなどがナノテクノ

用語説明

コラーゲン：体内にもっとも多量に存在するタンパク質であり，全身のタンパク質の25％余りを占める．その機能は体の構造を形成することである．一次構造に−グリシン−X−Y−とアミノ酸3残基ごとにグリシンがある反復配列を有する．現在，コラーゲンに分類されるタンパク質は20種類以上知られている．もっとも多量に存在するのがI型コラーゲン，基底膜に存在するのはIV型コラーゲンである．

エラスチン：結合組織，動脈や皮膚などの伸展性のある組織に存在する．グリシン−X−グリシン−X−のアミノ酸配列に富む．細胞外に分泌されるとただちにリシン残基間で架橋されて網目状に広がっていく．主鎖はランダムコイル状態で，網目にゴム弾性を付与している．

フィブロネクチン：細胞外マトリックスと細胞との組織化を助けている代表的な接着性糖タンパク質である．分子量440 kDa．細胞との接着部位はアルギニン−グリシン−アスパラギン酸（アミノ酸の一文字表記でRGD）配列の3つのアミノ酸からなるきわめて単純な構造である．プラスチック表面にトリペプチドRGDを化学結合で固定すると，プラスチックに細胞接着性を付与できる．

ビトロネクチン：血清中から見いだされた細胞接着性タンパク質．分子量75 kDa．フィブロネクチンと同様に細胞接着部位としてRGD配列を有す．

ラミニン：IV型コラーゲンとともに基底膜を構成する．分子量830 kDa．フィブロネクチンと同様に細胞接着部位としてRGD配列を有す．

プラスミドベクター：細菌の細胞質には染色体以外に遺伝子を担持しているプラスミドが存在する．動物細胞内で発現するように工夫した遺伝子をこのプラスミドに担持させ，大腸菌内で増やし，精製する．このプラスミドを動物細胞に取り込ませて目的遺伝子を細胞内で発現させるのに用いる．

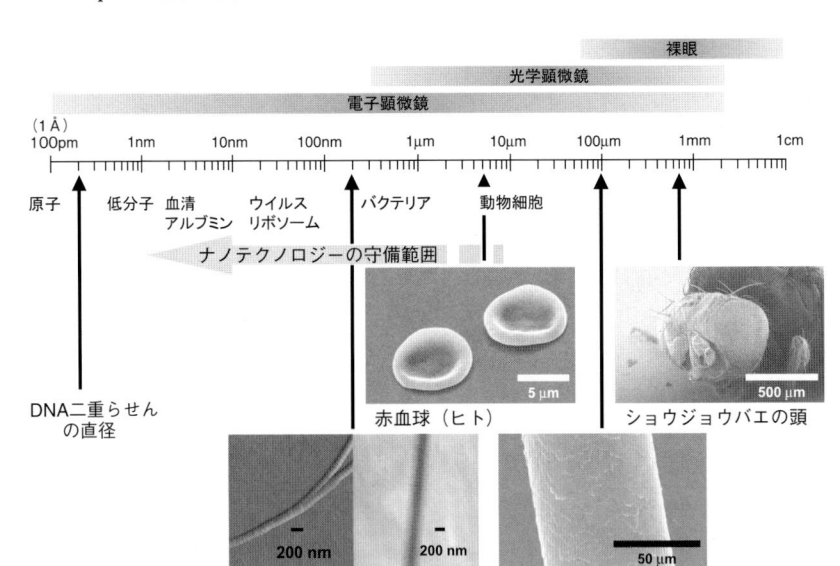

図2 スケールとそれぞれの大きさの例

ロジーの対象になるのであろうか．

　バイオ・生物研究とは，生きているものを対象とした研究である．自律的に変化するので，従来，物理化学的な研究を行ってきた研究者には非常に戸惑うことも多いかと思われる．極端にいえば，細胞を取り扱うときに一度取り扱った細胞と同じ状態の細胞に再び出会うことがない．細胞のなかでは，常に遺伝子が読み取られてメッセンジャー RNA が合成され，タンパク質が合成され，低分子が代謝され，さらに1日に一度程度は細胞分裂する．生物研究の困難を列記したついでにもうひとつ困難をあげると，細胞は多くの物理化学の計測機器では嫌われる多量の水，それも食塩などの無機塩の水溶液を多量に含んでいることである．

II. 細胞の取り扱い

　さて，ナノテクノロジーの手法を用いてバイオ研究を始めようと考えたとき，60兆個の細胞からなるヒトの体をそのまま研究対象にするのはナノテクノロ

表1　知っていると役に立つ概数

臓器
- 心臓の1回拍出量　　　　　　　　　　　70 ml
- 心臓の1分あたりの拍出量　　　　　　　5 l/分
- 血液が全身を一巡する時間　　　　　　　60秒
- 肝臓の再生　　　　　　　　　　　　　　70％切除後1週間で元の大きさ

細胞
- ヒト組織中の細胞が置き換わる時間
    - 皮膚の表皮細胞　　　　　　　　　15日
    - 肝細胞　　　　　　　　　　　　　500日
- 培養細胞が分裂する時間　　　　　　　　15時間
- 細胞1 ml（10^8細胞）の酸素消費速度　0.04 mmol/ml 時間
- DNAの複製　　細菌　　　　　　　　　　500 ヌクレオチド/秒
- 　　　　　　哺乳動物　　　　　　　　50 ヌクレオチド/秒
- ペプチド合成　　　　　　　　　　　　　20 アミノ酸/秒
- 水中また細胞内での低分子の拡散定数　　10^{-5} cm^2/秒
  （1 μm の距離を拡散するのに 10^{-3} 秒，1 cm では14時間かかる）
- 脂質二重層中の脂質分子の側方拡散の拡散係数　10^{-8} cm^2/秒

ジーには馴染まない．少なくとも1つ1つの細胞が見える程度の状態で研究対象にアプローチしたい．それを可能にするのが細胞培養法である．図3に示したのは，シャーレの中で培養したヒト胎児腎細胞由来のHEK293細胞である．最近ではプラスチック製の使い捨て培養容器とすぐに使用可能な培養液が手に入り，さらに細胞も公的細胞バンクに分譲を依頼すれば容易に入手できる．HEK293細胞のように培養の容易な細胞は，数日も講習を受ければすぐにでも

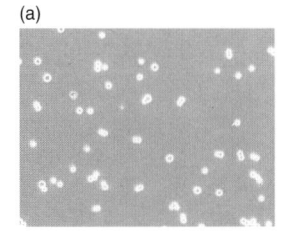

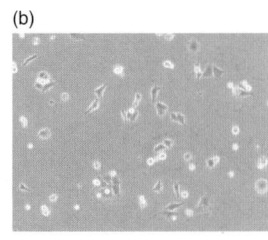

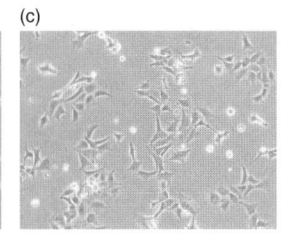

図3　シャーレの中で培養したヒト胎児腎細胞由来のHEK293細胞
　　(a) 細胞を播種直後，(b) 播種3時間後，(c) 24時間後

30　Chap. 2　細胞の構造と機能：細胞外

| クリーンベンチ | 炭酸ガス培養器 | 倒立顕微鏡 |

| 液体窒素タンク | オートクレーブ | 遠心分離器 |

図4　細胞培養に必要な機器

クリーンベンチ（100万円程度），炭酸ガス培養機（100万円程度），簡易倒立位相差顕微鏡（30万円程度），液体窒素細胞凍結保存器（50万円程度），遠心分離機（100万円程度）．

培養可能である．以下に，細胞培養を行うのに最低限必要な器具と手順の概略を書いておく．新たな研究分野に参入しようとしたとき，研究機器に対する初期投資がどの程度になるかは研究室を運営するものにとっては気になるところである．細胞培養を行うのに必要な最低限の機器と器具を，図4にそれらの価格とともにまとめておいた．

1. 装置と器具

　動物細胞は非常に栄養価の高い培養液の中で培養される．培養液は雑菌やカビにとっても非常にいい環境を提供する．細胞培養系に雑菌やカビが混入しない環境下で実験操作を行わなければならない．その環境を提供するのがクリーンベンチである．クリーンベンチとは，幅・奥行きそれぞれ1m程度のステンレス製のテーブルに空気清浄機がのせられたものである．空気は，空気清浄機

中のヘパ (HEPA) フィルターで濾過・無菌化されて実験台上に吹きつけられ，さらに実験者側に排出され，テーブル上は常に清浄に維持されている．

　動物細胞は変動のない環境下で維持・増殖させてやる必要がある．その環境を提供するのが炭酸ガス培養器である．炭酸ガス培養器内は，炭酸ガス濃度5％，温度37℃，湿度100％に維持されている．炭酸ガス濃度を5％に維持するのは，炭酸の緩衝作用で培養液のpHを一定に維持するためである．

　培養された細胞を顕微鏡で観察する．培養細胞を観察する顕微鏡は2つの点で特殊である．対物レンズが試料台の下にあることである．これは，細胞はシャーレやフラスコの底に付着しており，底から観察するためである．もう1点は，細胞は白黒のコントラストが明瞭でないので，少し工夫をしないと明瞭に観察できないことである．もっともよく用いられる方法が位相差像を観察する方法である．培養液と細胞では屈折率が異なる．また，細胞内でも細胞内マトリックスと細胞内小器官の間では屈折率が異なる．光が屈折率の異なるところを通過すると，光の波の位相のずれが生じる．位相差顕微鏡とは，この位相のズレで生じる光の干渉現象を利用してコントラストを得る顕微鏡である．

　細胞の外側にある余分なものを洗い流したいことがよくある．このときに便利なのが遠心分離機である．細胞の比重は1.07前後で培養液よりは少し比重が大きい．細胞懸濁液を1,000回転/分程度で約5分間遠心分離すると，細胞は遠心管の底に集まる．上清を捨てたのち，再び培養液を加え細胞を懸濁し，遠心分離する．この操作を2, 3回くり返すことで細胞を洗浄できる．

　増殖するのが早い培養細胞では約15時間に一度分裂する．培養しているとどんどん細胞が増えて実験用試料を手に入れるのには非常に好都合である．しかし，実験を休みたいときでも細胞はどんどん増えてくる．培養液を交換せずに放置しておくと，栄養は枯渇し，老廃物が蓄積して細胞は死に絶えてしまう．実験しないときに保存し，実験したいとき再び増殖させることを可能にするのが凍結保存である．細胞の懸濁液に凍結障害防止のジメチルスルフォキシドを10％程度加えて，ドライアイスボックスで一晩かけてゆっくり凍結させる．その後，液体窒素細胞保存容器を用いれば細胞を半永久的に，発泡スチロール製のドライアイスボックス中でも1年程度は保存できる．

2. 細胞の入手と培養

　動物の体から組織を取ってきてその中に含まれる細胞を培養する．このようにして得られた細胞にはいろいろな細胞が含まれている．それを目的の細胞へと純化して実験に用いる．一方，均質で無限に増殖する多様な細胞株が樹立され，多くの細胞株が公的な細胞バンクに預けられている．わが国ではヒューマンサイエンス研究資源バンク (http://www.jhsf.or.jp/index_b.html) と理化学研究所リソースセンターセルバンク (http://www.brc.riken.jp/lab/cell/) が細胞を保存し，2万数千円程度の実費で研究者に配布する業務を行っている．

　用いたい細胞株がHEK293である場合を例に，入手から培養までの流れを書いておく．バンクの所定の用紙を用いて細胞の配布を依頼する．2週間程度で細胞がアンプル内に凍結した状態で送られてくる．それまでに，培養液の準備をしておく．バンクホームページ上の資料のHEK293細胞の項を見ると，基本的な情報が記載されている．そのなかで，培養液の項にEagle's minimal essential medium with 10％ heat inactivated horse serum とある．これは，Eagle's minimal essential medium (MEM) という名前がついた合成培養液に56℃で30分過熱処理したウマ血清を10％になるように添加したものを培養液として用いることという指示である．MEMはすぐに使える状態の液体培養液として市販されている．また，ウマ血清も市販されている．この2つを入手してMEMに10％になるようにウマ血清を加え，MEM+10％ウマ血清培養液を前もって調整しておく．細胞が到着する当日は遠心管にMEM+10％ウマ血清を10ml入れて，氷上においておく．到着したアンプルを37℃の恒温水槽に投げ入れ，急速に溶解させる．アンプルを開け，細胞の懸濁液を取り出し，遠心管中のMEM+10％ウマ血清と混合する．以上の操作をすばやく行う．遠心管を1,000回転/分で5分間遠心分離し，上清を捨て細胞を回収する．その後，遠心管にMEM+10％ウマ血清を加えて細胞を再度懸濁し，この細胞懸濁液を細胞培養用プラスチック製のシャーレに播種する．図3(a)が播種直後の細胞の位相差顕微鏡の写真である．細胞は球形である．3時間もすると図3(b)に示すように，細胞はシャーレ上に接着し扁平になってくる．また，24時間後の細胞も図3(c)に示してある．

III. 細胞膜の構造

　接着しないで浮遊している細胞の直径は $10\,\mu m$ 程度である．肉眼で小さい点と認められるのはだいたい直径 $100\,\mu m$ 程度であり，その約 1/10 である．接着すると図3に示した HEK293 細胞の例でもわかるように，細胞は扁平化して大きさが数十 μm 程度になる．このような細胞を観察するには光学顕微鏡が用いられてきた．光学顕微鏡の分解能は最大 $0.25\,\mu m$ ($250\,nm$) である．さらに細胞内の微細構造を詳細に観察するには透過型電子顕微鏡が用いられてきた．電子顕微鏡では分解能が $3\,nm$ 程度でより微細な構造を観察できる．図5にブタ肝臓の細胞を透過型電子顕微鏡で観察した結果を示した．細胞は，細胞膜，細胞質と核からなる．細胞質には膜で包まれた小胞体，ゴルジ体，ミトコンドリアなどの多くの細胞内小器官があり，これらが液相をなす細胞内液中に浮かんでいる．本章では細胞膜とその外側についておもに述べ，細胞の内部の構造や機能については前章に譲る．

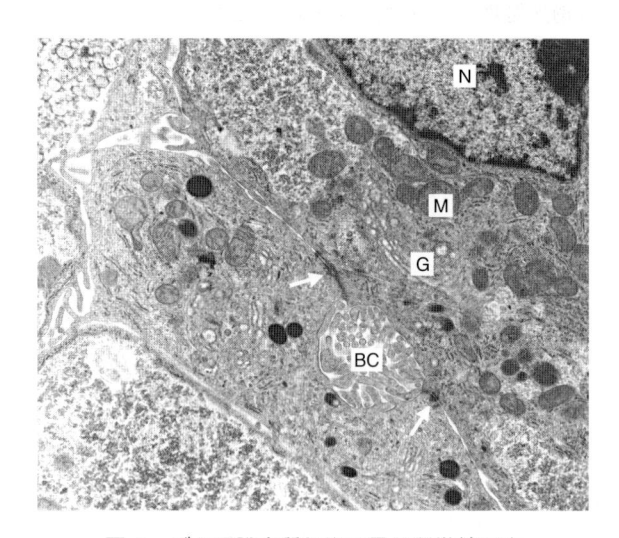

図5　ブタ肝臓実質細胞の電子顕微鏡写真
N：核，M：ミトコンドリア，G：ゴルジ体，BC：毛細胆管，矢印：密着結合．

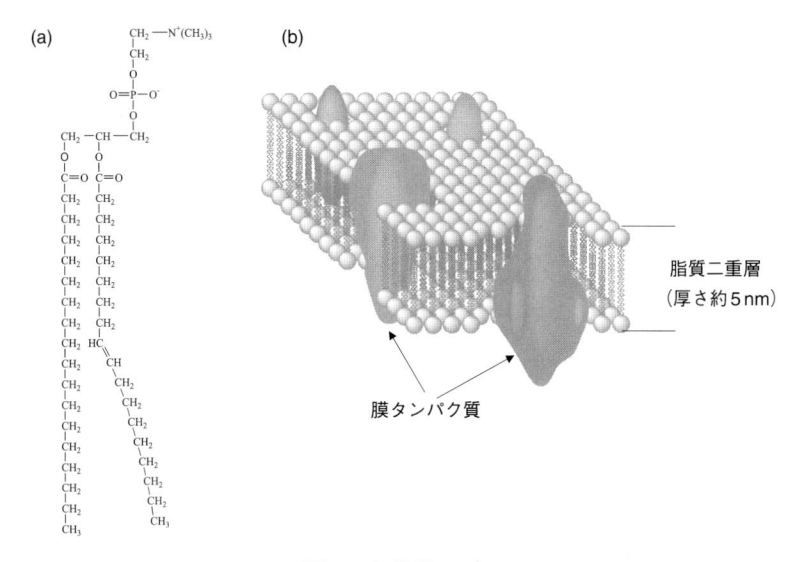

図 6 細胞膜モデル
(a) リン脂質の一例，(b) リン脂質二重層中に膜タンパク質が埋め込まれた細胞膜モデル．

　細胞膜の模式図を図6に示した．脂質二重層とタンパク質が非共有結合で集合した薄い構造体である．脂質二重層はおもにリン脂質の2分子層からなる厚さ約5nmの膜である．脂質二重層にはリン脂質のほかにコレステロールや糖脂質も存在する．図5に示したかなり高倍率の透過型電子顕微鏡観察でも脂質が二重になっている構造は観察できない．また，少し意外に思われるかもしれないが，膜重量の約50％はタンパク質で占められている．
　電荷をもたない酸素，二酸化炭素，エタノールなどの低分子は脂質二重層を濃度勾配にしたがって拡散により細胞膜をすばやく通過する．一方，Na^+，Cl^-，K^+など大きさは小さくても電荷を有するものは，脂質二重層を拡散により通過できない．表2に示したように，細胞の内外で電解質組成に大きな差があるが，電解質が細胞膜を自由に通過できるなら，すぐに細胞内外の電解質の組成の差はなくなってしまう．また，中性分子でも分子量180のグルコースように，分子量が少し大きくなるとほとんど通過できない．細胞膜は細胞の内外を厳密に区別する隔離膜である．
　リン脂質は図6に示すように親水性の頭部と疎水性の炭化水素の尾部から

表 2　哺乳類細胞の内外イオン組成

成分	細胞内濃度 (mM)	細胞外濃度 (mM)
陽イオン		
Na^+	10	140
K^+	150	5
Mg^+	15	2
Ca^{2+}	10^{-4}	3
H^+	pH=7.1	pH=7.4
陰イオン		
Cl^-	5	100
HPO_3^{2-}	5	2
HCO_3^-	10	25
有機酸	115	6

なっている．疎水部の炭素数は14～24個とさまざまであるが，2本のうち1本は不飽和脂肪酸，他方は飽和脂肪酸である．親水部が水と接触し，疎水部どうしが接触するように集合すると，自然と脂質二重層が形成される．脂質二重層中の脂質分子は常時動いており，側方拡散の拡散係数 (D) は $10^{-8}\mathrm{cm}^2$/秒程度であり，約 $2\,\mu\mathrm{m}$ (赤血球の直径は $8\,\mu\mathrm{m}$) の距離を1秒で拡散する．一方，脂質二重層の片方の面からほかの面に移動する"フリップ・フロップ"運動は1脂質分子あたり1か月に1回も起こらない．細胞膜の内側と外側で単分子層の脂質組成は異なっているが，"フリップ・フロップ"運動がほとんど起こらないため，この非対称性が維持されている．

　脂質二重層が細胞の内と外を隔離しているが，膜のもつ多様な機能は脂質二重層に組み込まれている膜タンパク質が担っている．膜タンパク質は脂質二重層中を比較的自由に動き回ることができる．このような細胞膜のモデルが"流動モザイクモデル"である．膜タンパク質は多様な方法で脂質二重層に組み込まれている．膜貫通タンパク質では，膜貫通部分は α ヘリックス構造（次章「タンパク質とバイオチップ」参照）をとっており，α ヘリックスの疎水面を単分子層に埋め込むことで膜に固定されている．また，複数の β シート構造（次章参照）により樽型の構造（β バレル）が形成している膜貫通タンパク質もある．また，タンパク質と脂肪酸とが共有結合し，脂肪酸が脂質二重層に埋め込まれているもの，さらにタンパク質がオリゴ糖を介してリン脂質に結合してい

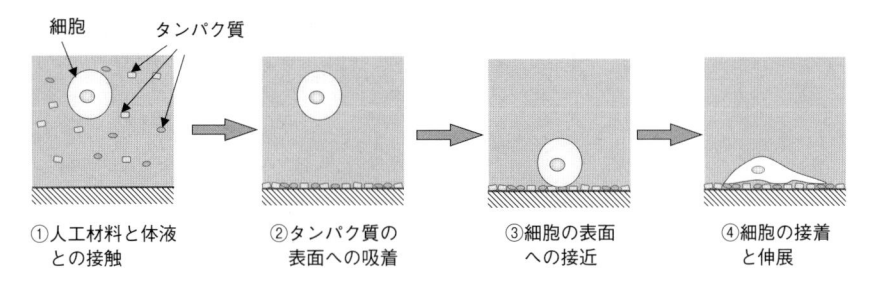

図7 シャーレ上に播種された細胞の接着過程の模式図

(①人工材料と体液との接触 → ②タンパク質の表面への吸着 → ③細胞の表面への接近 → ④細胞の接着と伸展)

るものなどがある．

IV．膜タンパク質の機能

1．細胞の接着
A．細胞-細胞接着性糖タンパク質の接着

　細胞の入手からその培養の開始までの手順を上記した．細胞の懸濁液をシャーレに播種したあと細胞が接着するまでの過程を若干詳しく模式的に書くと，図7のようになる．①培養液がシャーレ表面と接触し，②培養液中の血清タンパク質がシャーレ表面に吸着し，③細胞が重力によってシャーレ表面上に落ちてくる，④細胞がタンパク質吸着層に接触し，その後，接着した細胞が伸展する．細胞は吸着タンパク質層を介してシャーレ表面に接着している．血清中には血清アルブミンをはじめ多種多様なタンパク質が含まれている．この中で細胞接着に関与するのはビトロネクチンやフィブロネクチンなどの細胞接着性糖タンパク質である．シャーレへの細胞接着をより確実にするために，前もってシャーレの表面に細胞接着性糖タンパク質を吸着させたのちに細胞懸濁液を播種することもよく行われる．シャーレ表面上の細胞接着性糖タンパク質の密度が高くなり，細胞はより確実に接着できるようになる．

　細胞接着の細胞側の分子が細胞膜タンパク質であるインテグリンである（図8）．インテグリンと細胞接着性糖タンパク質との相互作用にCa^{2+}やMg^{2+}の2価陽イオンが必要である．インテグリンは2つの1回膜貫通糖タンパク質ユ

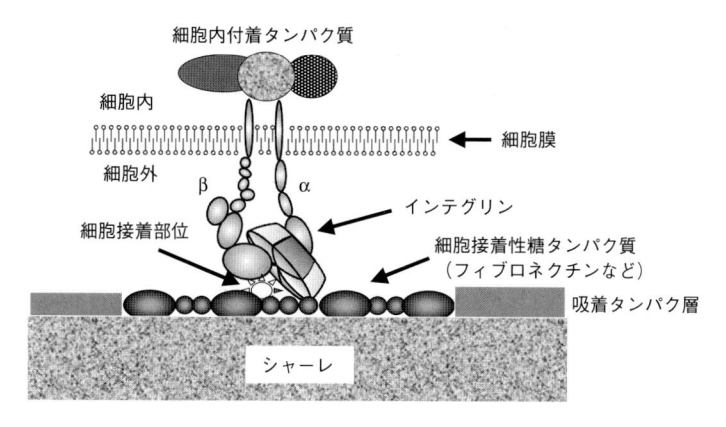

図8 吸着タンパク質層と細胞との相互作用

ニット（αとβ）が非共有結合した構造をしている．αサブユニットは24種類，またβサブユニットは9種類あり，αとβのヘテロ2量体でインテグリンが形成される．たとえば$\alpha_5\beta_1$はフィブロネクチンと，$\alpha_6\beta_1$はラミニンと相互作用する．インテグリンはリガンドとの結合親和性は低いが，細胞膜上に多数ある．インテグリンは細胞を細胞外マトリックスに接着させるだけでなく，マトリックスの情報を細胞に伝える細胞内シグナル伝達経路の活性化の機能ももっている．培養細胞はインテグリンを介して細胞外マトリックスと接着しないと成長や増殖ができない．また，上皮，内皮，筋細胞は生存さえできず死んでしまう．

B. 細胞間接着

前項で述べたインテグリンは，結合組織において細胞外マトリックスとの相互作用でもっとも重要な細胞側の分子である．細胞どうしの接着を担う最も重要な分子としてカドヘリンがある．カドヘリンは分子量120 kDaの1回膜貫通糖タンパク質で，Ca^{2+}依存性で細胞間の接着に関与する．上皮細胞に発現するE-カドヘリン，神経や筋肉に発現しているN-カドヘリン，胎盤や表皮に発現しているP-カドヘリンなどがある．カドヘリンは同種の細胞間に接着をもたらす．すなわち，2つの細胞は同じカドヘリン分子間の相互作用によって結び付けられている．

白血球が炎症部位に集まるときに，白血球は血管内皮細胞に接着し，さらに血管壁を通過しなければならない．セレクチンは白血球と血管内皮細胞が接着するときにはたらく分子として同定された糖タンパク質である．

カドヘリン，セレクチン，インテグリンはすべて細胞外の Ca^{2+} に依存している．Ca^{2+} 非依存の細胞接着分子としてもっともよく研究されているのは，神経細胞接着分子 N-CAM (neural cell adhesion molecule) である．N-CAM は 20 種類報告されているが，構造はいずれも細胞外に免疫グロブリン様の 5 つのドメインをもっている．カドヘリンと同様に，同種親和性相互作用によって細胞間を結びつける．しかし，相互作用はカドヘリンより弱い．

C．細胞間結合

もう一度図 1 を見ていただくと，結合組織では細胞は細胞外マトリックスと相互作用をし，上皮組織では細胞どうしが結合を形成している．上皮組織での細胞間の結合について簡単に述べておく．細胞間の結合を機能面から分類すると，①上皮細胞層を通過して低分子さえ漏れ出ないようにする密着結合（閉鎖結合），②細胞を組織の中に固定する固定結合，③細胞間で化学的および電気的シグナルのやり取りができるギャップ結合，の 3 つに分類される．上皮の細胞のもっとも頂端部に密着結合が位置し，次に固定結合が並び，ギャップ結合には定位置がない．

2．細胞間の情報伝達

ヒトの体は 60 兆個の細胞からなる．これらの細胞は，適切に配置して組織，さらに器官を形成し，また相互に協調しながらそれぞれの機能を発揮して個体となる．細胞間の情報交換の様式は図 9 に示した 4 つに大きく分類できる．2 つ細胞が直接接触し，膜タンパク質の相互作用で情報交換を行う．典型的な例は免疫系の抗原提示に見られる．神経系では，長い突起の先端でほかの細胞に接近し，シナプスを形成している．活性化した神経細胞では電気的インパルスを長い突起に沿って送る．インパルスがシナプス部に到達すると神経伝達物質を分泌して相手の神経細胞を刺激することで，高速に長距離の情報交換を行うことができる．ここでは，図 9 の (c) と (d) に示した，分泌細胞の近くの細胞に

(a) 細胞間の接触（免疫系）　生理活性物質　レセプター　細胞
(b) 長い突起と液性因子（神経）
(c) 傍分泌（増殖因子，サイトカイン）
(d) 内分泌（ホルモン）　血流

図 9　細胞間の情報伝達

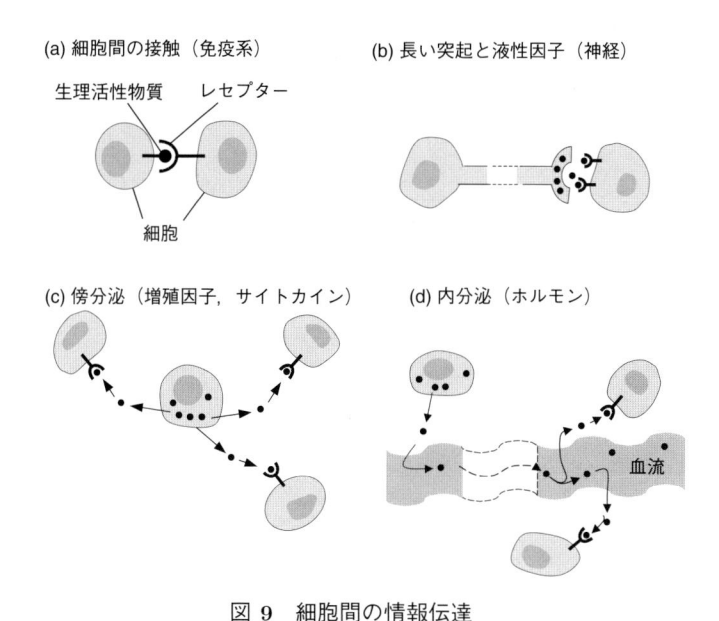

情報を伝える増殖因子と，血流を介して遠くの細胞に情報を伝えるホルモンについて若干述べる．

　細胞培養を行うときに，培養液に血清を10％程度加える．血清に似た用語として血漿がある．血液をガラス製の試験管にいれて室温で放置すると血液は固まり，さらに徐々に血球を含んだゲル状の部分（血餅）が収縮して，タンパク質溶液と血餅の2層に分かれる．このとき得られるタンパク質溶液が血清である．一方，血液が固まらないようにする試薬を加えたのち，血液を遠心分離すると血球が遠心管の底側に，タンパク質溶液が上側にと2層に分離する．このタンパク溶液が血漿である．細胞培養を行うときに血清の代わりに血漿を加えると，細胞はほとんど増殖しない．この違いは，血清中には血液が固まるときに血小板から放出された血小板由来増殖因子が含まれ，この因子が細胞を刺激して増殖させる作用をもつためである．増殖因子には，上皮成長因子，繊維芽細胞増殖因子，血管内皮細胞増殖因子，肝細胞増殖因子などがある．増殖因子は細胞膜上のそれぞれの固有のレセプターにくっつき，このレセプターを介して細胞内へと情報を送る．増殖因子の名前はその因子が発見されたときの作用

により名づけられたが，その後研究が進むにしたがって，多様な作用を有することが明らかになったものも多い．さらに，その名前から想像するのが困難な機能に着目して病気の治療に用いられている増殖因子もある．たとえば，肝細胞増殖因子はその血管新生作用に着目して，虚血性心疾患の治療に用いられている．

細胞培養を行うときに，通常は培養液に血清を10％程度加える．しかし，血清には種々雑多な分子が入っていて，実験結果の解釈が困難であることも多い．このため，化学的な組成が明確な培養液，無血清培養液の開発が進められてきた．ほとんどの無血清培養液にはインスリンが加えられている．インスリンは膵臓から分泌され糖代謝のコントロールを行う重要なホルモンである．インスリンに代表されるホルモンは，内分泌細胞により分泌され，血液により全身に運ばれその作用を発揮する．一方，上記した増殖因子は分泌された近傍でのみ作用を発揮する．

V. ナノテクノロジーと細胞

ナノテクノロジーを生物学研究へ適用することで2つの方向が開ける．1つは，従来法では見えなかったものを観る，または観測不可能であった微少変化を計測するなど，観察限界に挑戦する研究がある．たとえば，すでにかなりの歴史のある高感度蛍光顕微鏡による1分子観察，また，原子間力顕微鏡による水中でのタンパク質の形態観察，さらに力学刺激に対するタンパク質の機能変化の観察などがあり，ナノテクノロジーの進歩とともに限界を押し広げる研究が今後とも進められるであろう．

もう1つの方向は，DNAチップに代表されるように，非常に多くのデータを一度に集める研究手法の開発にナノテクノロジーを適用する研究である．生物学研究は従来の新規な"分子の発見"をめざした研究とは異なり，多くのデータを一時に取り，すなわち時々刻々変化する生体（細胞）の総体をスナップショット的に順次計測し，生命現象をダイナミックに統合的に理解しようとする研究が開けつつある．近年，総体を示すオームがついた研究，すべての転写産物（メッセンジャーRNA）の集合を研究するトランスクリプトーム，ある生

物がもつすべてのタンパク質の集合を研究するプロテオーム，さらに，代謝物（メタボライト；metabolite）の集合を研究するメタボロームなどが花盛りである．しかし，言葉が先行し"分子の発見"のための従来手法を無理に使ってオーム研究を行っているのが現実である．すべての遺伝子またはそのすべての産物を網羅的に探索し，生命現象をダイナミックにとらえ，生体を統合的に理解する研究を遂行する研究手法の開発が望まれている．ナノテクノロジーなくしては，これらの研究が現実のものになることはないと考える．いまだ，どのような分析機器を開発すればいいのか暗中模索の状態であるが，以下にわれわれの研究の一例を紹介する．

ヒトゲノムには2万5千程度の遺伝子があるといわれているが，そのうち1万程度の遺伝子はまだその機能が未知である．また，1万のタンパク質の相互作用を調べるためには，1億対の研究が必要である．それぞれのタンパク質を分離・精製して相互作用を調べるのは不可能である．一方，遺伝子の取得はPCRで容易に行うことができ，細胞の中で遺伝子を発現させてタンパク質にすることも容易である．タンパク質の機能解析に用いる目的で，われわれのグループでは遺伝子導入アレイの開発を進めている．その概略を図10に示した．多種の異なる遺伝子を担持したプラスミドをガラス基板上にアレイ状にスポットする．この上に細胞を播種し，その後，プラスミドを細胞に取り込ませ，細胞内で遺伝子を発現させてタンパク質を合成する．細胞内で合成されたタンパク質の機能，さらに，ほかのタンパク質との相互作用を研究しようとする試みである．モデル実験の結果も図10右に示した．右図の左の列から，緑色蛍光タンパク質，緑色蛍光タンパク質＋赤色蛍光タンパク質，赤色蛍光タンパク質のそれぞれの遺伝子をもったプラスミドを各スポットに担持させ，その後，HEK293細胞を播種し，プラスミドを細胞に取り込ませた．2日後に蛍光顕微鏡で観察したところ，細胞内にプラスミドが取り込まれ，さらにそれぞれの遺伝子が発現して，左から緑，黄（緑＋赤の混合色）と赤の蛍光タンパク質が発現していた [5]．

今のところモデル遺伝子を用いて開発している．初代細胞への遺伝子導入効率のさらなる向上と，導入された遺伝子の機能を効率よく検出する方法の確立など，いろいろ解決すべき問題があるものの，次世代の遺伝子機能解析ツール

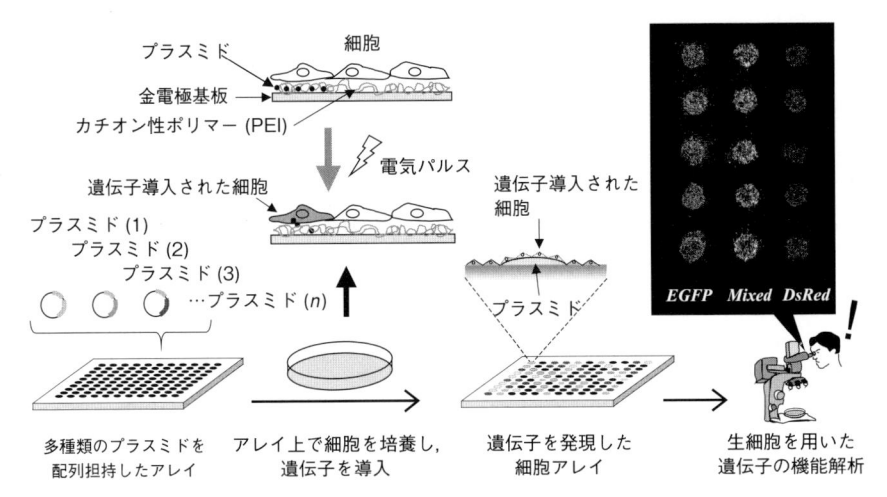

図 10 効率的な機能解析のための遺伝子導入アレイ

多数のスポット上に遺伝子発現プラスミドを配列担持したアレイを作製する．緑色蛍光タンパク質 (EGFP)，緑色蛍光タンパク質 (EGFP) ＋赤色蛍光タンパク質 (DsRed)，赤色蛍光タンパク質 (DsRed) のそれぞれの遺伝子をもったプラスミドベクターを各スポットに担持させ，その後，HEK293 細胞を播種し，2 日後に蛍光顕微鏡で観察した結果．➡口絵 2 参照

になるのは間違いないと考える．

文献

[1] Alberts-B, *et al.*: The Cell, 4th ed., Garland Science (2002)；中村桂子・松原謙一（監訳）：細胞の生物学，第 4 版，ニュートンプレス（2004）
[2] 岩田博夫：生体組織工学，産業図書（1995）
[3] 岩田博夫：バイオマテリアル（高分子先端材料 One Point 3），共立出版（2005）
[4] 宮澤恵二・横手幸太郎・宮園浩平：新細胞増殖因子のバイオロジー，羊土社（2001）
[5] Yamauchi, F., Kato, K., Iwata, H.: *Nucleic Acids Res.*, **32**(22), e187 (2004)

Chapter 3

生体材料 I

タンパク質とバイオチップ

手老龍吾・宇理須恒雄

● はじめに

　転写・翻訳といった分子レベルの反応から筋肉の動きにいたる巨視スケールまで,生体内で自発的に活動しうるすべての反応にタンパク質が関与する.抗原-抗体反応は生体防御のためにタンパク質を用いる代表例である.現在の生化学の目標とは,タンパク質の発見・構造決定・機能解析,であると言っても過言ではない.どのようなタンパク質も,基本的にはたった20種類のアミノ酸から形成されている(実際には生体内に存在するタンパク質にはもっと多くの種類のアミノ酸が含まれているが,これらはタンパク質合成後に酵素反応によってリン酸基や,糖鎖が付加されたものである).また,生体系における機能の多様性と重要性から,タンパク質のもつ分子認識機能は健康状態のモニターや診断などに使われるバイオチップに応用される.

　本章では,タンパク質を構成する単位構造のアミノ酸と,タンパク質の階層的な立体構造について述べたのち,バイオチップ応用としてとくに重要な膜タンパク質の機能と応用について述べる.水溶性タンパク質のセンサーへの応用については,すでに刊行されている解説書の紹介にとどめる.

I. タンパク質の構造と分子認識機能

1. タンパク質を構成するアミノ酸

　図1にタンパク質を構成するアミノ酸の基本骨格を示す．カルボキシル基が結合した炭素（α炭素）にアミノ基が結合したα-アミノ酸であり，アミノ酸の性質は側鎖（–R）によって決定される．図2に20種類のアミノ酸の名称と側鎖を示す．それぞれのアミノ酸はアルファベット3文字あるいはアルファベット1文字で表記される．グリシン以外のアミノ酸はα炭素が不斉中心となり，光学異性体が存在する．自然界に存在するアミノ酸はごく一部を除いてすべてL体である．消化酵素などもすべてL体のアミノ酸を対象としているため，L体と鏡像関係にあるD体アミノ酸でできた食物を消化することはできない．また，医薬品や調味料などでは，鏡像異性体はまったく効果を表さないか，逆に毒性を示す場合がある．これらのL-アミノ酸はIUPAC式の命名法ではS体と表されるが，β位にチオール基（–SH）が結合したシステインのみがR体である．

　炭化水素鎖や芳香環を側鎖にもつアラニン，バリン，ロイシン，イソロイシン，フェニルアラニン，チロシン，トリプトファンなどは疎水性であり，タンパク質の内部に分布しやすい．プロリンも炭化水素を側鎖にもつが，末端がα-アミノ基と結合した環状構造をとる．一方，親水的なアミノ酸はタンパク質の外側の，水と接する部分に多く分布する．アミド基をもつアスパラギン，グルタミンは極性をもつため水素結合を形成し，水酸基をもつセリン，スレオニンも反応性は低いが水素結合を形成しうる．酸性アミノ酸のアスパラギン酸，グルタミン酸と，塩基性アミノ酸のリシン，アルギニン，ヒスチジンは，中性pHでそれぞれ負，正の電荷をもつため非常に極性が高く，ほとんどがタンパク質

$$\begin{array}{c} NH_2 \\ R \blacktriangleright *C \blacktriangleleft H \\ COOH \end{array}$$

L-アミノ酸

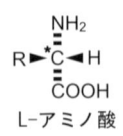

図1　L-アミノ酸の立体構造
*Cが不斉中心となるα炭素

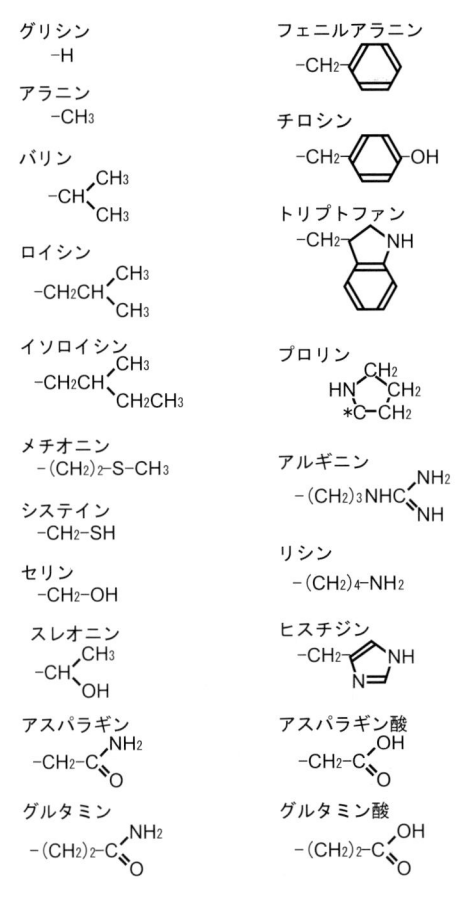

図2 アミノ酸の名称と残基の構造

表面に露出している（表1）[1].

アミノ酸の親水・疎水性を表す方法の1つに疎水指標である「ハイドロパシー指標（hydropathic index）」があげられる．それぞれのアミノ酸の有機溶媒相/水相間の分配率と，球状タンパク質内の分布から設定されたパラメータであり，アミノ酸の配列からタンパク質の立体構造を予側する際に利用される．とくに，膜タンパク質の表面には，水相に露出する親水部と脂質膜の炭化水素鎖に接する疎水部とが混在しており，膜貫通構造と機能は密接に関連している．脂質膜内に包含される部分にはハイドロパシー指標が正の疎水性アミノ酸残基

表 1 アミノ酸の等電点とハイドロパシー指標

アミノ酸	表記	等電点	ハイドロパシー指標
イソロイシン	Ile / I	6.02	4.5
バリン	Val / V	5.96	4.2
ロイシン	Leu / L	5.98	3.8
フェニルアラニン	Phe / F	5.48	2.8
システイン	Cys / C	5.07	2.5
メチオニン	Met / M	5.74	1.9
アラニン	Ala / A	6.00	1.8
グリシン	Gly / G	5.97	−0.4
スレオニン	Thr / T	6.16	−0.7
トリプトファン	Trp / W	5.89	−0.9
セリン	Ser / S	5.68	−0.8
チロシン	Tyr / Y	5.66	−1.3
プロリン	Pro / P	6.30	−1.6
ヒスチジン	His / H	7.59	−3.2
グルタミン酸	Glu / E	3.22	−3.5
グルタミン	Gln / Q	5.65	−3.5
アスパラギン酸	Asp / D	2.77	−3.5
アスパラギン	Asn / N	5.41	−3.5
リシン	Lys / K	9.74	−3.9
アルギニン	Arg / R	10.76	−4.5

［文献1より］

が連続して含まれることから，膜タンパク質の膜貫通領域の予測に用いられている．

　固体表面をペプチドやタンパク質で修飾する際に，リシン残基やヒスチジン残基が利用される．金基板上ではチオール化合物，酸化物表面上ではシランカップリング剤などを用いて固体表面をアルデヒド基やカルボキシル基で修飾し，リシン残基側鎖のε-アミノ基と脱水縮合させることにより，タンパク質を共有結合的に固体表面に固定化することができる．また，末端に6個のヒスチジンを付加して発現させたタンパク質は，ニッケル-ニトリロ三酢酸（Ni-NTA）と結合する．この結合は非常に安定であるが，液相にイミダゾールあるいはヒスチジンを流すことによって可逆的に解離する．カラムや基板表面をNTAで修飾してヒスチジンを発現させたタンパク質を付加する技術は「Hisタグ」とよばれ，生体機能への影響が小さくタンパク質を変性させずに固定化・解離す

ることができることから，タンパク質の単離精製や固体表面上での抗原-抗体反応の検出などに広く用いられている．

2. タンパク質の立体構造

　アミノ酸どうしがペプチド結合（α-カルボキシル基とα-アミノ基の間の脱水縮合反応）でつながってペプチド鎖を形成し，さらに特定の立体構造をとることによってタンパク質としての機能を発現するようになる．タンパク質の構造はいくつかの階層に分けて説明される．1次構造とはアミノ酸配列のことであり，共有結合によって決まる構造であるといえる．このアミノ酸どうしが1次元的につながった骨格のことを，タンパク質の「主鎖」とよぶ．2次構造とは主鎖の水素結合によって形成される，局所的な周期構造のことを指す．代表的な2次構造としてαヘリックスやβシートがあげられる（図3a, b）．3次構造とは，1本のペプチド鎖が形成するタンパク質全体としての構造のことである（図3c）．タンパク質によっては3次構造をとった複数のペプチド鎖が多量体を形成することによってはじめて機能を発現する．この複合集合体のサブユニット数と空間配置のことを4次構造とよぶ（図3d）．

　DNAがコードしているのはアミノ酸の配列のみであり，タンパク質の立体構造は原則としてアミノ酸配列によって1通りに規定される（アンフィンセン・ドグマ）．実際には生体内では「分子シャペロン」とよばれるタンパク質の折りたたみを助ける機能をもったタンパク質の働きによって複雑な高次構造が達成されている．逆に，同一の機能をもったタンパク質でも，生物種が異な

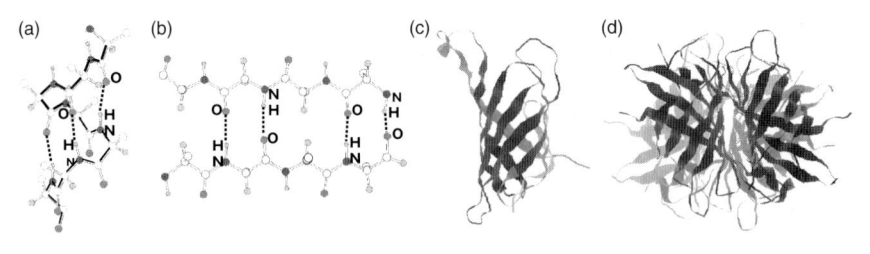

図3　タンパク質の2次構造，3次構造，4次構造
(a), (b) αヘリックスと逆平行βシートの構造．(c) アビジンのモノマー．(d) アビジンの4量体．

ると 1 次構造に違いが現れる．このとき 1 次構造がどれだけ似ているかを相同性 (homology) とよび，アミノ酸配列しかわからない未知のタンパク質についても，既知のタンパク質との相同性が見つかれば，機能と高次構造を推測する有力な手がかりになりうる．

3. タンパク質の分子認識

タンパク質の重要な機能のひとつが，分子認識能である．イオンや有機分子，また DNA や別のタンパク質などの巨大分子の特定部位を非常に選択性よく対象分子として選別する．タンパク質の分子認識は，おもに水素結合と疎水性親和力の働きによるものである．例として表面生体分子修飾にも頻繁に用いられるアビジン-ビオチン結合について述べる．アビジン（図 3d）は分子量約 7 万の糖タンパク質で，ビオチン分子（分子量 244）と結合乗数 $10^{15} \mathrm{M}^{-1}$ で結合する．これは非共有結合での自然界のタンパク質-リガンド結合の中で最も強い部類に入るものである．この強力な結合を達成しているのは，11 個のアミノ酸残基との水素結合と，5 個のアミノ酸残基との疎水性親和力である [2]．ターゲット分子の極性部と疎水部にそれぞれ対になるアミノ酸残基が配位するよう精密に立体構造が決められている部分と，「蓋」のような自由度をもった部分によって高い選択性が得られている（後述のリガンド-ゲート型イオンチャネルでは，アセチルコリンなどの小分子を認識することによって分子全体のポアが開閉する）．この「堅い」構造と自由度の組合せによってタンパク質機能の多様性が実現されている．

II. センサーとしてのタンパク質

1. イオンチャネル

A. 神経細胞とイオンチャネル

神経による情報伝達は生体系情報伝達のもっとも重要な機構のひとつで，複雑で精緻な脳機能は多数の神経細胞からなる神経回路網によって実現されている．神経細胞（図 4）は場所によって形は異なるが，1) 生合成の中心である細胞体，2) 他の細胞から信号を受け取る樹状突起，3) 電気信号を伝える軸索，

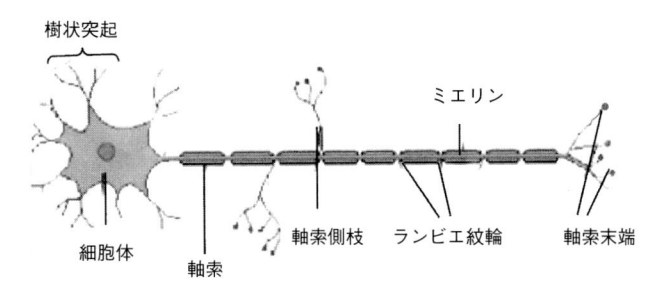

figure内ラベル: 樹状突起／ミエリン／細胞体／軸索／軸索側枝／ランビエ絞輪／軸索末端

図 4　神経細胞の構成

4) 枝分かれした軸索末端部の4つからなる点は共通している．神経細胞どうしは軸索末端部と樹状突起との間で接合し，この接合部をシナプスという．中枢神経系では例外的に電気シナプスの存在も知られているが，ほとんどのシナプスは化学シナプスである．化学シナプスでは，信号の送り手である軸索末端部の「シナプス前膜」と受け手の樹状突起「シナプス後膜」の間に約 30 nm の隙間があり，シナプス前末端部に到達した電気信号（活動電位）はいったん神経伝達物質の放出という化学信号に変換される．この伝達物質はシナプス間隙を拡散して約 50 μs でシナプス後膜に達し，特異的受容体に結合して活性化させる．受容体にはイオン透過性を上昇させるイオンチャネル受容体と代謝型受容体とがある．

　イオンチャネルには，濃度勾配や電位勾配に従った拡散によってイオンを透過させる受動型と，濃度勾配や電位の勾配に逆らってイオンを移動させる能動型とがある．受動型はさらに何らかのきっかけによりチャネルが開く受容体チャネルと，常に開いているリークチャネルに分類される．能動型のイオンチャネルには，アデノシン三リン酸（ATP）の加水分解などによって細胞膜の外側と内側との間にイオンの濃度勾配を作るイオンポンプと，濃度勾配に沿ったイオンまたは分子の拡散と共役して別のイオンや分子を熱力学的な勾配に逆らって輸送する 2 次性輸送体（secondary transporter）とがある．2 次性輸送体は，輸送物質の膜通過の際に共役物質を逆の方向に輸送するアンチポーターと，一方の流れを利用して他方を同じ方向に輸送するシンポーターとに分けられる．

　イオンチャネルには透過するイオンの種類，そのイオンの細胞内外の濃度比

により，静止膜電位（細胞外を 0 mV として通常 $-50 \sim -70$ mV）より 0 mV 方向に変化する場合（脱分極）と，より大きく分極する場合（過分極）がある．脱分極させることで活動電位を発生しやすくさせるシナプス電位を興奮性シナプス後電位（excitatory postsynaptic potential；EPSP），過分極させ興奮を抑制するものを抑制性シナプス後電位（inhibitory postsynaptic potential；IPSP）とよぶ．静止膜電位，活動電位，EPSP, IPSP の発生は，多様なイオンチャネルによって巧妙に制御されている．

B. 能動型 Na^+-K^+ ポンプ

　能動型イオンポンプの例として，Na^+-K^+ ポンプについて述べる．このタンパク質は ATP 加水分解のエネルギーを利用して，濃度勾配に逆らって Na^+ を細胞外に，K^+ を細胞内に運搬する（Na^+ 濃度は細胞外で 0.4 M，細胞内でその 1/10 程度，K^+ 濃度は細胞内が 0.4 M 程度で，細胞外はその 1/20 程度）．その作動メカニズムを図 5 に示す [3, 4]．Na^+ が吸着した状態のイオンポンプの β サブユニットに ATP から外れた高エネルギーのリン酸が結合するとタンパク質の構造変化が起こり，Na^+ は脱離しやすく（細胞外に出される），K^+ は吸着しやすくなる．すると K^+ 吸着に伴う構造変化によってリン酸が外れやすくなり，リン酸が脱離すると初めの構造に戻って K^+ が脱離し（細胞内に取りこまれる），Na^+ が吸着する．このサイクルは ATP, Na^+, K^+ がある限りくり返さ

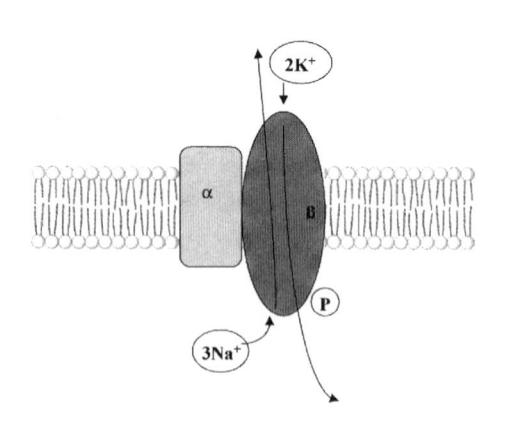

図 5　能動型 Na^+-K^+ ポンプの概念図

れる．リン酸化反応中間体を軸とする反応機構は，その解析に大きく貢献した R. L. Post と R. L. Albers の名前をとり Post-Albers 機構とよばれる．しかし，この構造と機能の詳細については今でも活発な研究がなされており，α，β 以外のサブユニットの寄与も見いだされている [5]．動物細胞はこのポンプを常に働かせており，細胞内外に Na^+ と K^+ の濃度勾配をつくっており，この濃度勾配はおもに，1) 細胞内外に電位差の発生，2) 細胞膜の浸透圧を調整し，細胞の体積を調節，3) 糖やアミノ酸の能動輸送への関与，などの働きをする．神経細胞では細胞消費エネルギーの約 70% がこのポンプに費やされる．

C. K^+ リークチャネルと静止膜電位

　能動ポンプのはたらきでは細胞内外の全電荷量に差はないが，それぞれのイオン種については濃度差がついた状態となる．K^+ リークチャネルは濃度勾配に沿って K^+ イオンを細胞の内側から外側に拡散させるが，イオン選択性があるためほかのイオンは移動できない．このため，細胞外ではプラスイオンが，内側ではマイナスイオンが過剰となり，膜の両側に電位差（静止膜電位）が生ずる．電位差が $-60 \sim -70\,mV$ に達したところで，濃度勾配と電位勾配が平衡状態に達して K^+ イオンの流出が止まる．

　MacKinnon はこのような K^+ イオンチャネルのイオン選択メカニズムを以下のように説明した（図6）[6]．チャネルの入り口にはいくつかの負に荷電したアミノ酸残基が存在し，正イオン濃度を高めている．チャネル内に入った正イオンは，ヘリックスの電荷により口腔内を選択フィルターの入り口まで引き寄せられる．選択フィルターの内部に存在するカルボニル基の酸素と正イオンが配位結合を形成する．K^+ のイオン半径は $0.133\,nm$，Na^+ は $0.095\,nm$ とその大きさの違いによって Na^+ イオンは細孔内で安定な結合状態をつくれない．K^+ は水和状態とカルボニル酸素との結合状態とでエネルギーがほぼ等しいため，水相から細孔内に移動できるが，Na^+ は水和状態のほうが大幅に安定なために細孔内に入れない．また，細孔中に取り込まれた 2 個の K^+ どうしの反発力は，K^+ が細孔から離脱するのを助ける．K^+ イオンのほうが Na^+ イオンより 1 万倍以上透過性がよく，1 秒あたり約 10^8 個が透過できる．

　Na^+ チャネルと K^+ チャネルにはさらに膜電位に依存して開閉をする電位依

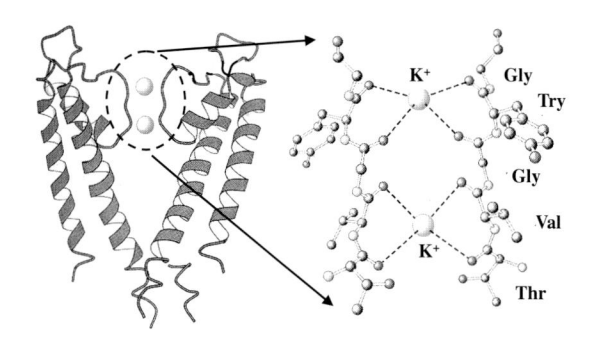

図6 K$^+$イオンチャネルのイオン選択メカニズム

存性チャネルがある．神経インパルスすなわち活動電位（action potential）はニューロンの細胞膜を通るイオンの流れがつくる電気シグナルであり，神経系における基本的な情報伝達手段である．刺激を受けていない静止状態では，軸索の膜電位は -60〜$-70\,\mathrm{mV}$ 程度であるが，次節で述べるイオンの流入などにより，膜電位の脱分極が進んで一定の閾値（-60〜$40\,\mathrm{mV}$）をこえたときに，電位依存性 Na$^+$ チャネルが開き，Na$^+$ が電気化学的勾配によって細胞内に流入する．これによりさらに脱分極が進み，活動電位が発生する．膜電位はほぼ1ミリ秒以内に正の値になり，$+30$〜$+50\,\mathrm{mV}$ に達すると Na$^+$ チャネルは不活性状態となり，数ミリ秒間機能を停止し，やがて分極状態へと戻っていく．この不活性機構に加えて電位依存性 K$^+$ チャネルが開き，再び負に転じ，素早く K$^+$ の平衡電位にまで引き戻される．増幅された脱分極は神経終末を伝わっていく．活動電位は，軸索膜の Na$^+$ と K$^+$ に対する透過性がこれらの膜電位依存性チャネルの開閉によって一時的に大きく変化することによって生じる．神経の活動電位は，軸索起始部（axon hillock）で発生する．ここには複数の種類のイオンチャネルが集中しており，高頻度での神経活動の生成を可能にする巧妙なメカニズムが構成されている．

D．神経伝達物質受容体チャネル

　神経伝達物質がシナプスの後段の細胞膜表面に埋め込まれた信号を受ける膜タンパク質（受容体）に結合して構造変化を誘起することによってイオン透過

性が変化し，シナプス電位が発生する．以降では，代表的な受容体イオンチャネルについて説明する．

a. ニコチン性アセチルコリン受容体

ニコチン性アセチルコリン受容体（nAChR）は，神経伝達物質アセチルコリン（Ach）の結合により開口し，Na^+，K^+，Ca^{2+}を透過する陽イオンチャネルを構成し EPSP を発生させる．単体分子は4つの膜貫通領域をもち，N 末端，C 末端とも細胞外に存在する．類似のアミノ酸配列をもった4種類のサブユニット（$\alpha, \beta, \gamma, \delta$）がポアを囲んで5量体（$\alpha, \alpha, \beta, \gamma, \delta$）となってイオンチャネル活性を表す．

b. セロトニン受容体

セロトニン受容体（5-HT_3R）は，セロトニン（5-hydroxytriptamine；5HT）の結合により開口し，Na^+，K^+，Ca^{2+}を透過する．5-ヒドロキシトリプタミン受容体ともいう．5-HT_1〜5-HT_7に分類され，このうち5-HT_3受容体のみがイオンチャネルで，膜を4回貫通する構造をもつ．ほかは次節で述べる代謝型受容体である．

c. γ-アミノ酪酸受容体

γ-アミノ酪酸（γ-aminobutyric acid；GABA）は中枢神経系における主要な抑制性神経伝達物質である．薬理学的には $GABA_A$ 受容体と $GABA_B$ 受容体に分類される．$GABA_A$ 受容体チャネルは5個のサブユニットから構成されており，開口により Cl^- を選択的に透過し，陰イオンチャネルとして抑制性シナプス後電位 IPSP を発生させる．$GABA_B$ 受容体は代謝型受容体で，分子構造は未解明である．

d. グリシン受容体チャネル（**GlyR**）

グリシンは脊髄や脳幹部分の主要な抑制性神経伝達物質として働く．開口により主として Cl^- を選択的に透過し，神経細胞を過分極状態にする陰イオンチャネルである．成熟型グリシン受容体は3個の α_1 サブユニットと2個の β_3 サブユニットよりなる．

e. グルタミン酸受容体ファミリー

グルタミン酸は中枢神経系における主要な興奮性神経伝達物質である．グルタミン酸受容体（GluR）チャネルは3回膜貫通型で，速い神経伝達を担うと

ともに，発生過程における神経回路形成，シナプス可塑性，記憶学習などの高次脳機能に関わる．受容体と特異的に結合して反応を誘起するアゴニストや結合によってアゴニストの結合を阻害するアンタゴニストに対する反応性と，内蔵するイオンチャネルの電気生理学的特性により，N-メチル-D-アスパラギン酸（NMDA）受容体と非 NMDA 受容体に大別され，非 NMDA 受容体はさらに AMPA 受容体とカイニン酸受容体に分類されてきた．非 NMDA 受容体は Na^+ と K^+ を透過させ，主として速い興奮性シナプス伝達を担っている．一方，NMDA 受容体は，Na^+ と K^+ に加え Ca^{2+} にも高い透過性を示し，かつ Mg^{2+} による電位依存的阻害を受けるために，シナプス可塑性に関与する重要な生理機能をもっている．

2. 代謝型受容体

　細胞外の情報を細胞内に伝える受容体に，イオンチャネル以外に代謝型受容体とよばれるタンパク質がある．その代表的なものが G タンパク質共役型受容体（G protein-coupled receptor；GPCR）である．G タンパク質とはグアニンヌクレオチド結合タンパク質の略称で，グアノシン三リン酸（GTP）またはグアノシン二リン酸（GDP）との結合に伴う構造変化によって生化学反応の「スイッチ」として働く．G タンパク質は多くの場合，構造の異なる 3 種類のサブユニット（α, β, γ）からなるヘテロ 3 量体であり，細胞膜の内側の表面に存在する．GPCR は細胞膜に貫通した状態で存在し，細胞膜の外側にいるリガンドを検出して G タンパク質の活性化/不活性化を行う「信号変換器」の役割を果たす（図 7）．細胞膜上で神経伝達物質やホルモンを認識したり，嗅覚，味覚，視覚などを感知する非常に重要な反応機構であり [7]，M. Rodbell と A. Gilman はこのタンパク質の機能の発見により 1994 年ノーベル医学生理学賞を受賞した．ヒトの場合，5,000 種類程度の GPCR が存在すると推定されており，このうち約 1,500 個の GPCR の構造が決定されているが，リガンドが同定されているものはわずかに 500 個程度である．リガンドが特定されていない GPCR はオーファン受容体（orphan receptor）とよばれ，重要な創薬ターゲットが隠れている可能性があり，リガンド探しが活発に行われている．

　GPCR は明確な構造的特徴を有し，図 7 の受容体部分は 7 回膜貫通部位を

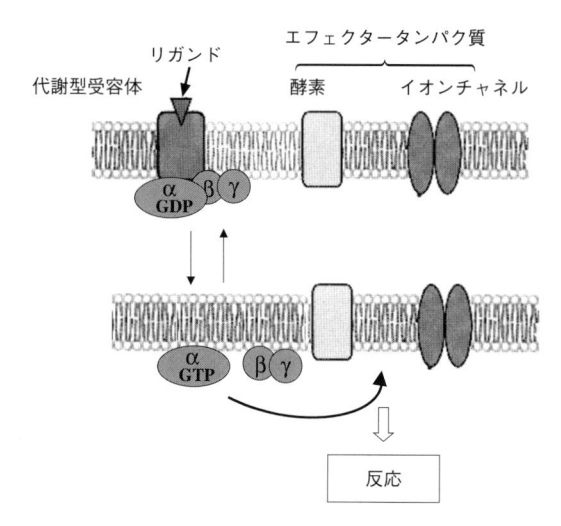

図7 Gタンパク共役型受容体（代謝型受容体）と3量体型Gタンパク質の結合した状態の構造モデルおよびその機能

もつ[8]．リガンド結合部位は膜貫通領域によって作られる束の内部に位置することが多いが，代謝型グルタミン酸受容体のような例外もある．リガンドが結合したGPCRはGDPと結合した状態のGタンパク質（αGDPβδ）に作用し，GDPの遊離を促進する（図7）．GDPが解離したのち，αサブユニットにはGTPが結合し，3量体型Gタンパク質はαGTPとβ, δに解離する．αGTPとβ, δはそれぞれエフェクタータンパク質とよばれる酵素やイオンチャネルに作用して，細胞内で細胞内セカンドメッセンジャーの生成/分解や各種イオンチャネルの開閉制御などが行われる（図7）．αサブユニットに結合したGTPはαサブユニットがもつGTPase活性によってGDPに加水分解され，Gタンパク質は不活性化される．1つのリガンドによりこの反応がいくつも誘起されるため，反応が増幅される．

Gタンパク質の性質は，おもにαサブユニットによって決定され，その機能，アミノ酸配列の相同性から，いくつかのファミリーに分けられており，アデニル酸シクラーゼを活性化したり抑制したりすることに関わるGsとGi，ホスホリパーゼCの活性化に関与するGqなどがある．αサブユニットが直接イオンチャネルを制御したり，βδサブユニットがイオンチャネルの開閉やアデニル酸

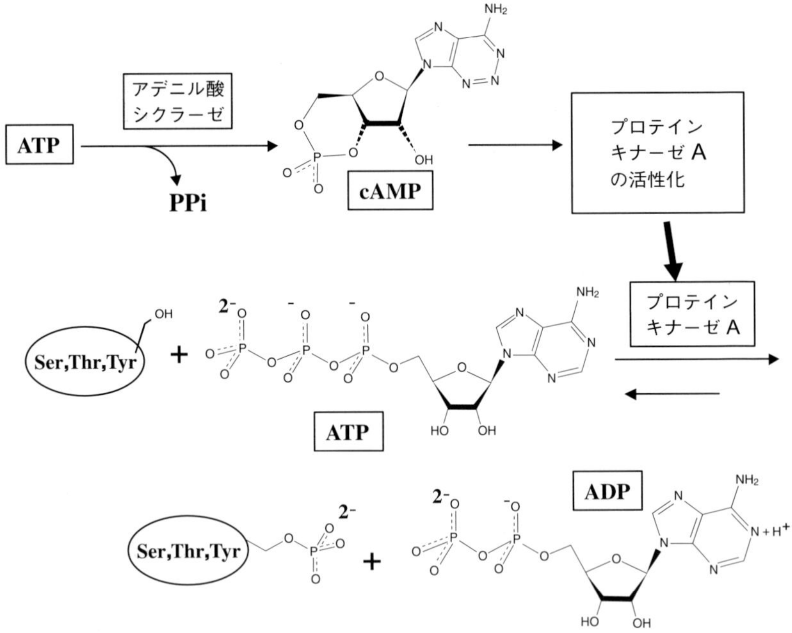

図 8　G タンパク質が種々のタンパク質を活性化する機構の代表的な例
G タンパク質が活性化されると，エフェクタータンパク質アデニル酸シクラーゼが活性化され，ATP ⇌ cAMP + PPi の変換反応を触媒する．生成された cAMP はプロテインキナーゼ A を活性化し，その結果，種々のタンパク質のセリン，スレオニン，チロシン残基がリン酸化され，これらのタンパク質の活性が変化する．

シクラーゼやホスホリパーゼ C の活性制御を行うこともある．

　これらの多様な細胞内化学反応経路——信号伝達経路は電子回路との比較から，分子情報回路とよばれる．分子情報回路は創薬スクリーニング応用からも非常に重要な概念であるので，以下に代表的な例について説明する（図 8）．

　アデニル酸シクラーゼは G タンパク質によって活性化されるエフェクタータンパク質（酵素）で，12 回膜貫通型ヘリックスをもつと推定される膜タンパク質である．G タンパク質の α サブユニットは β，δ サブユニットと結合していた界面を使ってアデニル酸シクラーゼと結合し，活性型の構造に変化させることでサイクリックアデノシン $3',5'$-一リン酸（cAMP）の生成を促進する．cAMP は cAMP 依存性プロテインキナーゼ A の調節サブユニットに結合して

触媒サブユニットの解離を誘起し，この触媒サブユニットが種々のタンパク質をリン酸化することによってさまざまな細胞応答をひきおこす（図8）．このようにエフェクタータンパク質によって濃度が制御される細胞内情報伝達物質はセカンドメッセンジャーとよばれ，細胞内の分子情報回路の次の段階を構成する．cAMP，サイクリックグアノシン3′,5′-一リン酸（cGMP），カルシウムイオン，イノシトール1,4,5-トリスリン酸（IP_3），ジアシルグリセロール（DAG）などが重要である．DAGはプロテインキナーゼCを活性化し，プロテインキナーゼCは標的タンパク質のセリンやスレオニンをリン酸化して特定遺伝子の転写を促進する．

多様な受容体，GPCR，エフェクターが存在し，それぞれの伝達経路が細胞内で分岐・統合されて非常に複雑なシグナル伝達ネットワークを形成している．GPCRの機能発現も上記の例だけでなく，カルシトニン受容体様受容体（calcitonin receptor like receptor；CRLR）のように単独ではリガンドレスポンスを示さないが，受容体活性調製タンパク質（receptor activity modifying protein；RAMP）とよばれる，細胞膜を1回貫通するタンパク質を共発現すると，ペプチドの一種であるアドレノメデュリンに反応し，アドレノメデュリン受容体を構成する場合もある[9]．また，イオンチャネルにおいては，多くのものが2量体構造を有していることが知られているが，最近の知見でGPCRも多くのものが2量体を形成していると考えられるようになった[10]．

III. タンパク質チップ，バイオセンサー

タンパク質のもつセンサー機能は，病気の診断や創薬スクリーニングなどにおいて有用なバイオチップやバイオセンサーとして利用できる．これらを大別すると，標識型と非標識型，水溶性タンパク質と膜タンパク質に分類できる．基本原理は共通で，タンパク質の分子認識機能を利用して被検出物質を検出する．標識型を大別すると，被検出物質に蛍光物質を結合し分子認識反応を直接検出する方法と，分子認識反応にひき続いておこる分子情報回路での途中の物質の濃度変化を発光や蛍光を利用して検出する方法とがある．前者については，タンパク質のNH_2基やCOOH基と反応させて蛍光分子を結合させるキットが

市販されている．後者はとくに GPCR のスクリーニング応用において重要で，セカンドメッセンジャーである Ca^{2+} イオン濃度変化を検出する方法（FLIPR．Molecular Devices 社の装置の商品名），cAMP の濃度変化をルシフェラーゼ遺伝子の発現とこれによる化学発光物質の生成に結びつけ検出する方法 [11] のほかに，膜タンパク質の分子認識反応に伴う膜電位変化を蛍光の強度変化として検出する方法（voltage sensor probe；VSP．Invitrogen 社）などがある．

　非標識型については，表面プラズモン共鳴（surface plasmon resonance；SPR）法，水晶振動子マイクロバランス（quartz crystal micro-balance；QCM）法，イオンチャネル電流計測法などがある．SPR 法は金表面にプローブ分子を吸着しておき，被検出物質がプローブ分子と反応して誘起される金表面の実効的光学定数の変化をプラズモン共鳴周波数の変化として検出するものである．QCM 法は，水晶振動子表面にプローブ分子を吸着しておき，被検出物質がプローブ分子と反応して吸着物質の総体の質量が変わることによる水晶の共振周波数の変化を検出する．水溶性タンパク質のバイオチップや，SPR，QCM については詳細な解説書 [12-14] が多数出版されているので，本章では，最近急速に研究が活発になってきている膜タンパク質バイオセンサー，とくにイオンチャネルバイオセンサーについて，現状と今後の展望について述べる．

　膜タンパク質は脳神経系疾患や循環器疾患など多くの難病に関与しており，ゲノム創薬ターゲット全体のの 50% 以上を占めるといわれているが，創薬スクリーニングに必要な適切なバイオセンサーが十分に整備されていないことが問題となっており，さまざまな方法が活発に開発されつつある．先に述べた FLIPR や VSP など蛍光変化を観察する方法は代表的な例であるが，蛍光変化の原因が必ずしも一意的ではないため信頼度が高いとはいえず，信頼度の高いイオンチャネル電流検出法への期待が大きい．

　イオンチャネル電流を検出するピペット利用のパッチクランプ法 [15] は現在実用になっている唯一の非標識型のイオンチャネルバイオセンサーといえるが，取扱いに熟練を要し，アレイ化に適さない．この問題を克服するために，プレーナー型のパッチクランプ法の開発が各国で進められている [16-20]．平坦な固体基板の表面に微細な孔を空け，この上に脂質二重層にイオンチャネルを埋め込んだ構造体を形成する．この場合，固体表面を疎水性にしておき，微細

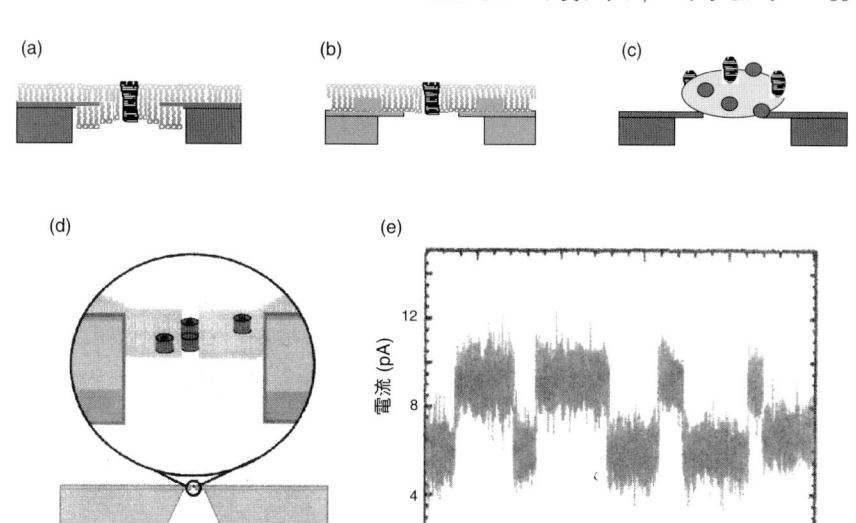

図 9 プレーナー型イオンチャネルバイオセンサーの 3 種類の素子構造
(a) サスペンデッドメンブレン型, (b) サポーテッドメンブレン型, (c) セルメンブレン型. (d) シリコン基板に形成した微細貫通孔（直径 $100\,\mu m$）に脂質二重層/イオンチャネル（グラミシジン A）を形成したサスペンデッドメンブレン型センサーと, (e) これにより測定した単一イオンチャネル電流記録. 用いた脂質は diphytanoylphosphatidylcholine. 印加電圧：150 mV. [文献 20 より許可を得て転載]

孔部分を上下から脂質単分子膜で覆う構造のもの（サスペンデッドメンブレン）と, 脂質二重層を孔の上に形成するもの（サポーテッドメンブレン），およびイオンチャネルを発現した細胞を孔の上にのせる方法とがある（図9）．細胞をそのままのせる方法では，ターゲットとして発現したイオンチャネル以外のほかのイオンチャネルの信号が入る可能性はあるが，膜タンパク質を発現，精製，再構成するというたいへんな手間を省ける長所がある．基板材料としては，ガラス [16], シリコン [17,20], PDMS [18], プラスチック [19] などが用いられている．サポーテッドメンブレン以外は単一イオンチャネル電流の計測が報告されている [16-20]（図9）が，サスペンデッドメンブレンにおいては寿命と安定性に，また細胞を直接のせる場合はギガオームシール（細胞膜でシールした微細孔のリーク抵抗をギガオーム以上にすること）形成に技術開発の余地があり，

実用的かつ高精度なアレイ型センサーの開発は今後の課題である．

また，現在，電流検出型センサーとしてはイオンチャネルが主として研究対象となっているが，GPCRもエフェクターとしてのイオンチャネルの開閉に関わることが多いことを考えると，イオンチャネル電流を検出するタイプのGPCRセンサーの研究も今後重要になるものと予測される．このようなイオンチャネル電流計測型のバイオセンサーが開発され，すでに開発されている蛍光や発光計測型のセンサーとの併用などにより，膜タンパク質の分子認識反応の検出がより高精度かつ高効率となるものと予想される．

文献

[1] Kyte, J. et al.： J. Mol. Biol., **157**, 105-132 (1982)
[2] Livnah, O. et al.：Proc. Natl. Acad. Sci. USA, **90**, 5076-5080 (1993)
[3] Horisberger, J. et al.：Annu. Rev. Physiol., **53**, 565-584 (1991)
[4] Skou, J. C. et al.：Angew. Chem. Int. Ed., **37**, 2320-2328 (1998)
[5] Sweadner, K. J. et al.：Genomics, **68**, 41-56 (2000)
[6] Morais-Gabral, J. H. et al. ：Nature, **414**, 37-42 (2001)
[7] Gutkind, J. S. ：J. Biol. Chem., **273**, 1839-1842 (1998)
[8] Palczewski, K. et al. ：Science, **289** 739-745 (2000)
[9] Bomberger, J. F. et al. ：J. Biol. Chem., **280**, 23926-23935 (2005)
[10] Benians, J. L. et al. ：J. Biol. Chem., **278**, 10851-10858 (2003)
[11] Fitzgerald, L. R. et al. ：Anal. Biochem., **275**, 54-61 (1999)
[12] 松永是 他：バイオチップの最新技術と応用（松永是監修），シーエムシー出版 (2004)
[13] 新井盛夫 他：生体物質相互作用のリアルタイム解析実験法（永田和宏・半田宏編），シュプリンガー・フェアラーク東京 (2002)
[14] 嶋津克明：現代化学，1998年6月号，14-19 (1998)
[15] 久木田文夫・老木成稔 他：新パッチクランプ実験技術法（岡田泰伸編），吉岡書店 (2001)
[16] Fertig, N. et al.：Appl. Phys. Lett., **81**, 4865-4867 (2002)
[17] Wilk, S.W. et al.：Appl. Phys. Lett., **85**, 3307-3309 (2004)
[18] Mayer, M. et al.：Biophys. J., **85**, 2684-2695 (2003)
[19] Suzuki, H., et al.：Langmuir, **22**, 1937-1942 (2006)
[20] Uno, H. et al.： Jpn. J. Appl. Phys., **45**, (2006) 印刷中

Chapter 4

生体材料 I

タンパク質超分子を用いたナノ構造作製

杉本健二・山下一郎

I. バイオナノテクノロジー

　近年，マイクロメートルサイズの構造を作製するためのプロセスとして，微細加工技術（トップダウン法）の代表であるリソグラフィーを中心とする半導体技術の高密度化・高集積化技術が用いられてきた．リソグラフィー技術は基板の表面を光感受性高分子で覆ったのち，写真技術を利用して光により必要な部分に保護膜を形成して，不必要な基板部分のみを削り取る方法である．現在この最小加工単位は50 nmに近づきつつあるが，この技術は光を利用するため数十nmで限界を迎えるといわれている．さらに，このようなナノメートルスケール加工装置は大型の真空装置や超高精細度機器類などが必要で，装置費用が高額になる問題も生じる．そのため，従来のトップダウン法とは異なる新たなナノ構造を作製する手法の開発が望まれている．そのような状況下で，2000年にアメリカ合衆国の国家戦略のひとつとしてナノテクノロジーが掲げられ，ナノテクノロジーが21世紀の科学技術の重要な鍵となってきている．材料，エレクトロニクス，機械，バイオ，医薬などの幅広い分野での研究が活発に行わ

れており，トップダウン法の問題解決のために，自己組織化，自己集積化を利用して原子，分子を積み上げてナノ構造を作製するボトムアップ手法をめざした研究が発展しつつある．

一方，バイオの世界に目を転じると，そこはナノメートルからのボトムアップの世界である．生物はすべて，遺伝子情報により作られたナノメートルから数十ナノメートルサイズのバイオ分子が自己集合し，マイクロメートルからメートルサイズの細胞を構成し，さらには生物個体を作り上げている．すなわち，バイオ分子はナノメートルオーダーの部品を組み合わせてメートルオーダーの個体を作る能力をもっており，ウェット系のボトムアップナノテクノロジーとして学ぶべき点が多い．生命現象の仕組みを理解し，ナノテクノロジーの世界に応用することがバイオナノテクノロジーの本質であると考えられる．

とくに「タンパク質（プロテイン）」は，ボトムアップナノテクノロジーの基盤として有望であると考えられる．この理由として，タンパク質のもつ自己組織化能力による高次構造形成能およびバイオミネラリゼーションによる無機物質形成能の2つの能力があげられる．生体では，大きさ数十〜数百 nm でさまざまな形のタンパク質構造体がつくられ利用されているが，これらタンパク質構造体は1つのタンパク質から構成されているのではなく，多数の単位タンパク質（サブユニット）が自己組織化することにより形成されている場合がほとんどである．そしてこれらの構造は，原理的にはアミノ酸配列を改変することでさまざまな大きさ・形状のタンパク質を作りあげることができることがわかっている．また一方で，ある種のタンパク質は金属イオンと相互作用することにより，さまざまな形状の無機物質を作製する能力（バイオミネラリゼーション）を備えていることが知られている．バイオミネラリゼーションにより，生物は自身の体の内外で鉱物をつくりだすことを可能にしている．バイオミネラルである真珠，貝殻，骨，歯の構造・性質は，高機能・低環境負荷・省エネルギー性の新しい機能性マテリアルのデザインにとってよい手本になっている．タンパク質がこの2つの能力をもつということは，言い換えると，タンパク質が，その大きさ・形状を利用してナノサイズの無機物質の形を制御する良い鋳型になることを示す．たとえば球殻状タンパク質の内部に金属イオンをバイオミネラリゼーションさせることにより，球殻状タンパク質内部に粒径が制御さ

れたナノ粒子を作製することができる．また，同様な方法により，円筒状タンパク質の内部にナノワイヤを作製することができる．これらをさらに自己組織化させ，ナノドットをナノワイヤーで結んだナノ構造体ができれば，これはまさに微細加工で，期待されているナノ微細構造そのものになる．

以上述べたように，タンパク質は人工的にさまざまな形の構造体を作ることができ，またその構造体を鋳型にして多様な無機物質を作製できるという2つの素晴らしい能力をもっている．そのためタンパク質は，ボトムアップによるナノ構造体作製の手段としてきわめて有望であり，この技術により微細加工技術における問題点を解決する新たな道が開拓されることが期待されている．

II．高度な対称性をもつ天然タンパク質，ナノ構造体とナノバイオプロセスへの応用

1．タンパク質における対称性の役割

天然タンパク質の大型超分子構造は高度な「対称性」を有していることが多々観測されている．すなわち，生命はサブユニット間の対称性を利用することにより，できるだけ少ない種類のタンパク質から複雑な構造を作り上げている．たとえば，あるサブユニット内に図1(A)のような結合領域aとその相補結合領域a'を形成しているとする．このサブユニットは図1(A)に示すような2量体（ダイマー）を形成することが可能であり，その中心で2回対称軸を有する構造ができる．結合領域aとその相補結合領域a'の配置が図1(B)のような場合，4量体（テトラマー）を形成し，その中心に4回対称軸をもつことになる．サブユニットが同一であれば，相補的な結合面間の相互作用はたいてい対称複合体を形成し，サブユニットどうしは何種類かの幾何学的配置（2，3，4，5，6量体など）のうちいずれかをとる．最終的に相互作用に必要な結合領域が「閉じた構造」であることが，タンパク質凝集を抑制し，かつその構造を安定に維持するのに重要になっている．

なぜ生命はこのような手法をタンパク質高次構造の組み立てに用いたのであろうか？　考えられる理由として，長いタンパク質1つで構造を組み立てるよりも，短い同じタンパク質をたくさん使用して構造体を組み上げるほうが多様

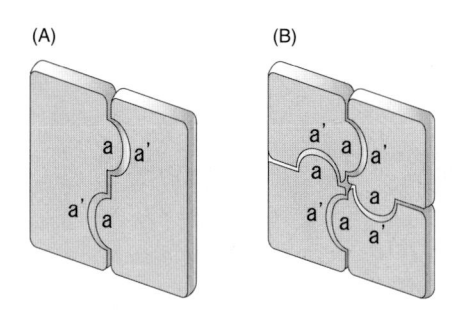

図1 サブユニット間の相互作用の模式図

相補的結合部位 a と a' をもつ 1 対のサブユニットは，結合部位の配置に応じて 2 量体（A）および 4 量体（B）を形成する．

な構造体形成に有利であるからと考えられる．またタンパク質進化，タンパク質生産の観点からも効率がよいと考えられる．この高度な対称性をもつ天然タンパク質として多くの構造体が発見されており，その特徴的な形，およびきわめて安定な性質をもつことから，ナノテクノロジーの分野にも応用されている．現在注目を集めている天然のバイオマテリアルについて，数例を以下に紹介する．

2. フェリチンタンパク質

フェリチンタンパク質は，動・植物からバクテリアまで普遍的に存在する鉄保存タンパク質のひとつである．生体あるいは細胞中の鉄元素のホメオスタシスに深く関わっており，生体内の総鉄量の約 27％がフェリチン内に保存されているといわれている．1 本のポリペプチド鎖から形成される 1 量体サブユニットが非共有結合で 24 個集まった，分子量約 46 万の球状タンパク質であり，その直径は約 12 nm で，通常のタンパク質に比べ高い熱安定性と pH 安定性を示す．この球形のタンパク質の中心には直径約 7 nm の空洞があり（図2）[1]，一部のサブユニット内にある酸化活性中心（ferrooxidase center）とよばれる場所で 2 価鉄イオンを酸化（フェロオキシダーゼ活性）したのち，空洞内の内側表面の負電荷領域で核形成を行って約 4,000 個の鉄をフェリハイドライト（$5Fe_2O_3 \cdot 9H_2O$）結晶の形で保持している．そして生体内の鉄が不足すると，保持している鉄をとりくずして鉄濃度のバランスを保っている．フェリチンの 24 個のサ

II. 高度な対称性をもつ天然タンパク質，ナノ構造体とナノバイオプロセスへの応用　　*65*

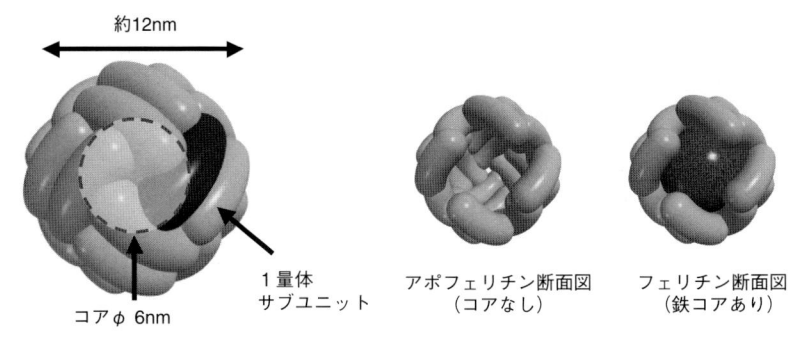

図2　フェリチン粒子の模式図

分子量約2万の1量体サブユニットが非共有結合で24個結合し，フェリチン分子を作っている．直径は約12 nm，コアとよばれる内部の空洞の直径は約6 nmである．鉄を保存しているフェリチンではこのコア内に約4,000個の鉄が酸化鉄の結晶として存在している．また，鉄のコアがないものをアポフェリチンとよぶ．

ブユニットには分子量がわずかに異なるL鎖サブユニットとH鎖サブユニットの2種類が存在し，上記のフェロオキシダーゼ活性はHサブユニットにだけ存在する．LサブユニットとHサブユニットの比率は生物種や生物の器官によって異なり，たとえばウマの脾臓にあるフェリチンは90％がLサブユニット，10％がHサブユニットであるが，ウマの心臓ではその比率が逆転する．

現在，遺伝子工学的手法により，Lサブユニット[2]またはHサブユニットのみからなるフェリチンを作製することが可能になっている．その構造解析も行われており，天然のフェリチンと同様の球殻状構造を形成していることが明らかになっている．これらの構造は，分子内に2回，3回，4回対称軸をもち，高度な対称性を保持することにより，一見不安定とも思える球殻構造を安定化させている．これは対称性を巧みに利用することにより，きわめて正確な構造体を形成している例といえる．

この中心に空洞をもつケージ状タンパク質であるフェリチンの対称性を利用すれば，2次元的に秩序だって並べることができる．アポフェリチンタンパク質はほぼ球状の形状であるが，その2回対称性の表面には2価イオンと結合する2つの酸性アミノ酸残基がある．このアミノ酸をCd，Caなどの2価のイオンの塩橋を作って結合すれば，フェリチンが集合するようになる．フェリチン

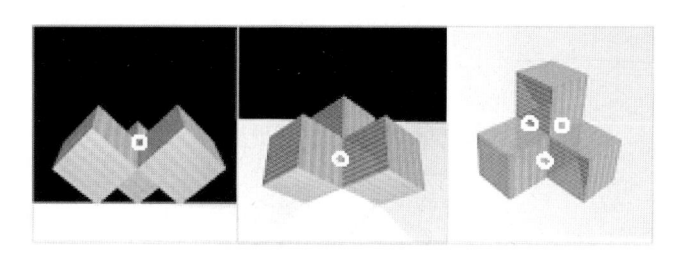

図 3　2回対称部位での結合による2次元結晶の作られ方

3つの直方体が2回対称軸をもつ稜で結合した様子を，左から，平面にほぼ平行な方向から，斜め上から，真上から見た様子を示してある．2回対称部位を白丸で示した．このような結合を平面に沿ってくり返すことで2次元結晶が出来上がる．

は対称性からは直方体と同等であり，その稜の中心部分が2回対称軸のある表面となる．この部分でフェリチンを結合させると3次元結晶が出来上がることになる．そして，何らかの方法で3次元方向の成長を抑制すれば，2次元結晶を作製することが可能となる（図3）．タンパク質の3次元結晶は結晶構造解析にとって大変重要であるが，2次元フェリチン配列は工学的応用の観点から大変興味深い．すなわち，フェリチンは内部のコアを有したまま2次元配列するので，ナノ粒子の2次元配列が作製できることになり，工学的応用が広がる．たとえば，後述するフローティングゲートメモリのメモリノードとしての利用やカーボンナノチューブなどの触媒配列などに利用できる．

　筆者らは，古野らが開発したPBLH（poly-1-benzyl-L-histidine．合成ポリペプチド）を2次元基板として用いる方法に少し変更を加えて2次元結晶を作製した [3]．まず，テフロンのトラフに，低濃度（$20 \sim 40\,\mu g/ml$）のフェリチンタンパク質溶液を満たす．このタンパク質溶液上にPBLHを静かに展開し，表面に薄膜を作製する．PBLHは中性および弱酸性条件下では正に帯電しており，フェリチンは負に帯電しているため，フェリチンはPBLH膜に静電的に吸着する．室温で放置し吸着が完了したのちに，温度を38℃としてアニーリングを行い，2次元結晶化を促す．作製された2次元結晶膜をあらかじめHMDS（1,1,1,3,3,3-hexamethyldisilazane）によって疎水処理したシリコン基板もしくは電顕メッシュに転写する．図4はシリコン基板上のフェリチンのSEM写真である．SEMではタンパク質は観察できないため，コアだけが規則配列として

II. 高度な対称性をもつ天然タンパク質, ナノ構造体とナノバイオプロセスへの応用　*67*

図 4　シリコン基板上へ転写されたフェリチンの2次元結晶
白い点が酸化鉄のコアである．タンパク質は SEM では観察できない．ドットの抜けはコアのないフェリチンかもしくは転写中に脱落したものと思われる．

見られる．そのほか，最近筆者らのグループでは，遺伝子工学を利用してフェリチンの外側に無機材料認識ペプチドを配置することで，タンパク質間，タンパク質-基板間相互作用を制御し，シリコン基板上に直接フェリチンの2次元規則性配列を作製している．

　タンパク質殻として利用したフェリチンタンパク質をなんらかの方法で除去すれば，直径 7 nm の無機金属粒子配列をシリコン基板上に作製することが可能である．筆者らはこのタンパク質殻を窒素中熱処理や，酸素雰囲気中 RTA 処理，UV/オゾン処理といった方法で除去している．タンパク質の除去は，AFM による測定，XPS 測定，断面 TEM などの手法で行い，ほぼ完全な除去を確認している [4]．

　ここまではフェリチンのコアとして鉄について記述してきた．しかし，鉄だけではなく，アポフェリチンコア内に仕事関数の異なる金属を導入しナノドットが作製できれば，種々の電子順位をもったナノドットを得ることができ，量子効果デバイス設計への応用が期待できる．現在筆者らのグループでは，アポフェリチンのコア内へのコバルト [5]，ニッケル [6]，CdSe [7]，Au_2S [8] などの導入に成功している．このように，現在ではフェリチン内部にさまざまな金属，

半導体ナノ粒子を作製することが可能になっており，今後，半導体分野のみならず，金属触媒やバイオセンサーなどの幅広い分野での応用が期待される．

　フェリチンタンパク質のコア部分に種々の金属を導入してタンパク質を除去すれば，多種の量子ドット作製が可能となる．そこで筆者らの研究室では，この量子ドットを利用してフローティングゲートメモリの作製を進めている（図5）．このデバイスはMOS（metal oxide semiconductor）トランジスタのゲート電極の下に上記のフェリチンを用いて作製した50～100個程度の数ナノメートルの量子ドットを高密度に配列させ，メモリを作製しようという試みである．

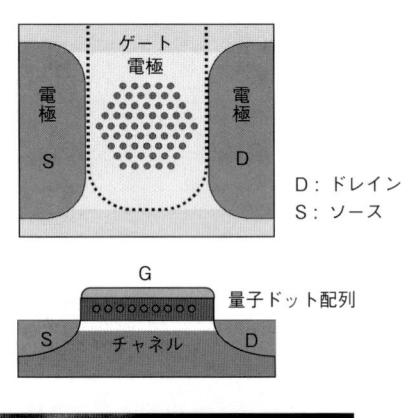

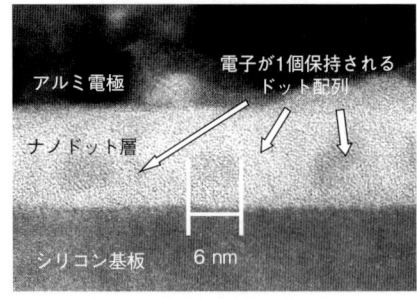

図5　フローティングゲートメモリの断面模式図とナノドット配列断面TEM像
バイオナノプロセスによりシリコン酸化膜中に埋め込まれた酸化鉄ナノドットを作製したのち，TEMでシリコン基板断面を観察した．ナノドットは還元処理により導電性ドットに改質されている．シリコン熱酸化膜の厚さは約2nmである．[奈良先端科学技術大学院大学 彦野太樹夫・浦岡行治博士・冬木隆博士作製]

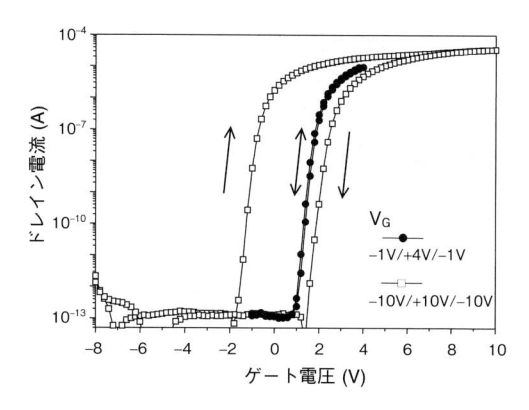

II. 高度な対称性をもつ天然タンパク質，ナノ構造体とナノバイオプロセスへの応用　　69

図6　フェリチンで作製した量子ドットをメモリノードとして作製したフローティングゲートメモリの動作特性

ゲート電圧をスイープすることでソースドレイン間の電流特性にヒステリシスが生じ，メモリ動作が確認できた．

電子はソース電極とドレイン電極の間のチャネル部分を流れる．ここで上部ゲート電極にプラス電圧を印加すると，チャネルにある電子が量子ドットにトンネルして蓄積される．この電荷はゲート電圧を元に戻しても蓄積されているために，静電的な反発でチャネル部分から電子が追い払われてしまい，電流が流れなくなる．これが OFF の状態である．逆にゲート電極にマイナス電圧を印加すると，この量子ドットから電子は追い出される．その結果，ゲート電極を元に戻してもチャネル部分には電流が流れる．これが ON の状態である．現在，このフローティングゲートメモリの試作を行っており，実際に鉄，コバルトのコアを用いてメモリ動作が確認されている（図6）[9,10]．

3．タバコモザイクウイルス

　以上は量子ナノドット配列をバイオナノプロセスで作製した実験例であるが，電子デバイスにはもちろんナノメートルサイズの配線（ナノワイヤ）も必要である．そのような要求に対し，直線状で中心に空間をもつタンパク質繊維の応用が考えられる．生物では同一のサブユニットを利用して繊維状構造を作製する場合，サブユニットをらせん状に重合することがほとんどである．この中心孔部分にフェリチンで行ったときと同じように金属を内包させれば，これまで

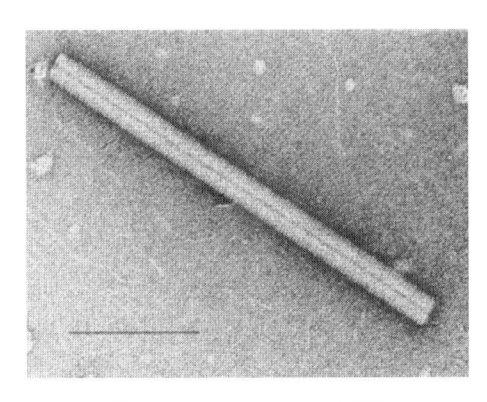

図7 TMV の TEM 画像

TMV は直径 18 nm，長さ 300 nm，中心孔径 4 nm の円筒状タンパク質である．ネガティブ染色によりその内部が染まっているのが TEM により観測されている．

に述べた方法でナノワイヤが作製できると考えられる．

この目的から，タバコモザイクウイルス（TMV）はナノワイヤを作製するための非常に良い鋳型となる．TMV のコートタンパク質は，2,130 個のサブユニットがらせん状に自己組織化することにより，直径 18 nm，長さ 300 nm，中心孔径 4 nm の円筒状タンパク質を形成している（図 7）[11]．TMV では自分の遺伝子情報を RNA の形でそのタンパク質の筒内部に保存していることが明らかになっている．さらに TMV の中心孔は中性 pH において酸性アミノ酸残基により負に荷電しているため，中心孔選択的に金属化合物をバイオミネラリゼーションさせることが可能になっている．たとえば Knez らは，TMV の中心孔にニッケルをバイオミネラリゼーションさせることにより，ニッケルナノワイヤを作製することに成功している [12,13]．円筒状タンパク質内部のバイオミネラリゼーションによるナノワイヤの構築例はまだまだ少ないが，フェリチン同様，サイズの制御されたナノマテリアル作製において優れた技術であることはいうまでもない．

4．アミロイド繊維

タンパク質はある条件下で繊維状の凝集体を形成する．これらの繊維状構造体は特定の疾患に関与することで知られており，その解明および治療法の開発

が急務の課題になっている．とくにアルツハイマー病は，脳内に凝集体（アミロイド線維）を沈着させることを所見とする疾患で，記憶力の低下などを伴い痴呆が進行する．アミロイド線維を分子レベルで見ると共通した特徴をもつ．天然タンパク質構造が高い β シート含量を特徴とした構造へと転移し，それが自己触媒的に会合することでアミロイド線維になる．アミロイド線維はきわめて安定性が高く，プロテアーゼにも耐性があるので，代謝されず蓄積していく．これが膜傷害やレセプター異常などを生じさせて細胞死を誘導する．

　アミロイド繊維が医療分野で注目されるなか，ナノテクノロジーの分野においてもその応用が期待されている．アミロイド繊維のナノテク応用の利点として，非常に剛直なワイヤ構造であることや，タンパク質表面に遺伝子工学技術を用いてさまざまな反応性官能基を導入できるといった利点があげられる．たとえば Lindquist らが，Sup35p の N 末端～中間領域に存在するドメインがアミロイド化することを利用し導電性ナノワイヤの作製に成功している [14]．この方法では最初にシステインとの化学反応を利用してアミロイド繊維上に金ナノ粒子を修飾するため，アミロイド表面上にシステインが存在することが重要になる．そこで彼らは，遺伝子工学的に 184 番目のリシンをシステインに変異させたタンパク質を用いて，アミロイドタンパク質表面上にシステインを提示させている．アミロイド繊維表面のシステインとマレイミド修飾した金ナノ粒子を反応後，銀および金イオン処理することにより金ナノ粒子を成長させ，導電性ナノワイヤを作製している（図 8a）．未反応のアミロイド繊維の直径は 9～11 nm であるが，金属処理することにより，その直径が 80～200 nm に増大する（図 8b）．また電極間に配置された導電性ナノワイヤの電気特性も測定されており，ナノ配線としての機能をもつことが証明されている（図 8c, d）．

III. 対称性を利用した人工タンパク質, ナノブロックの構築

1. 人工タンパク質, ナノブロックの設計法

　人工タンパク質構造体を作製する場合の最も注意を要する点のひとつとして，サブユニットが自己組織化する過程において，期待していないタンパク質相互作用による凝集体の形成をどのようにして抑制するかということがある．

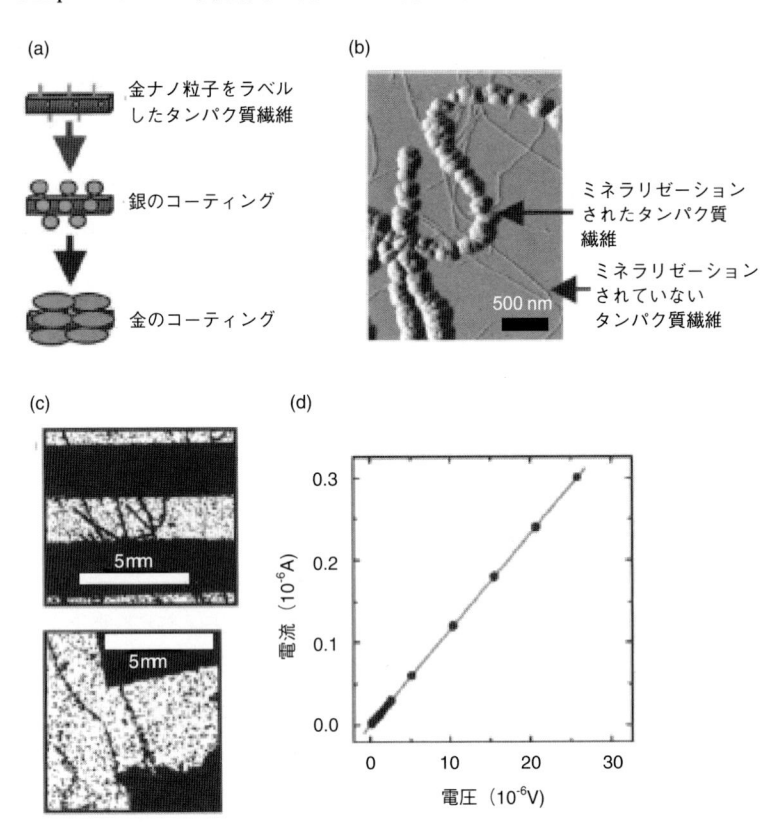

図8 アミロイド繊維を土台にした導電性ナノワイヤの作製
(a) システインを提示させたアミロイド繊維にマレイミド標識した金ナノ粒子を反応後，銀および金イオン処理し導電性ナノワイヤを作製する．(b) 導電性ナノワイヤのAFM画像．(c) 2つの電極間に配置された導電性ナノワイヤ．(d) 電極間に配置された導電性ナノワイヤの電流-電圧カーブ．[文献13から転載・改変]

設計・作製した人工タンパク質において，サブユニット内の結合領域が開いた構造になっていると，その部位を基点に期待していないサブユニット間相互作用が進行し，最終的に高分子量タンパク質凝集体となり，溶液中から排除される可能性がある．そこで設計どおりに結合領域が閉じた構造になり，かつその構造体が安定である設計をする必要がある．しかし，現在この設計を理論的に行うことは困難であり，試行錯誤をくり返して目的の人工タンパク質が完成す

III. 対称性を利用した人工タンパク質，ナノブロックの構築　73

るというのが現状である．

　現在，タンパク質を組み上げて，さらに高度なタンパク質構造体を構築する手段として，ビオチン・アビジンやヒスチジンタグ（His タグ）・Ni-NTA の相互作用を利用する方法，もしくはロイシンジッパーなどの天然のタンパク質間相互作用モチーフを用いる方法がある．ビオチン・アビジン法は特定のタンパク質に低分子量のビタミンであるビオチンを共有結合させておき，これにビオチン結合蛋白質であるアビジンを介してタンパク質を結合させる方法である．また，His タグとはヒスチジンが 6 つ並んだ配列であり，Ni-NTA と特異的に結合する．これらの相互作用を利用することにより，特定のタンパク質間の空間配置を制御することができるが，ビオチン・アビジンや His タグ・Ni-NTA を使用した方法は，必要であればタンパク質に遺伝子改変および化学修飾をする必要があるため，その使用は限定される．

　一方，ロイシンジッパーなどの天然のタンパク質間相互作用モチーフを用いる方法は，タンパク質どうしを組織化するのによい方法である．ロイシンジッパーとは，ロイシンに富むタンパク質モチーフであり，2 本の α ヘリックスのロイシン残基がジッパーのように交互に入れ違いになって結合することにより 2 量化する特性をもつタンパク質モチーフである．特定のタンパク質の末端にロイシンジッパーを融合させることにより，そのタンパク質の 2 量化を促進させることが可能である．この方法を用いて複雑で閉じたタンパク質超分子構造体を作製した報告例は筆者の知るところでは存在しないが，この方法論をよりうまく利用することにより，複雑多岐にわたるタンパク質超分子構造体の作製が可能になると考えられる．

　また最近「対称性」を巧みに利用することにより，タンパク質間相互作用モチーフをうまく組み合わせ，閉じたタンパク質構造体を作製することに成功した例が報告されている．この方法は，より複雑なタンパク質構造体を作製するためには必須の方法であるが，現在までのところその成功例は少ない．その例を以下に紹介する．

2. 人工球状プロテイン

　タンパク質の対称性を利用した新規人工タンパク質構造体の最初の成功例は，

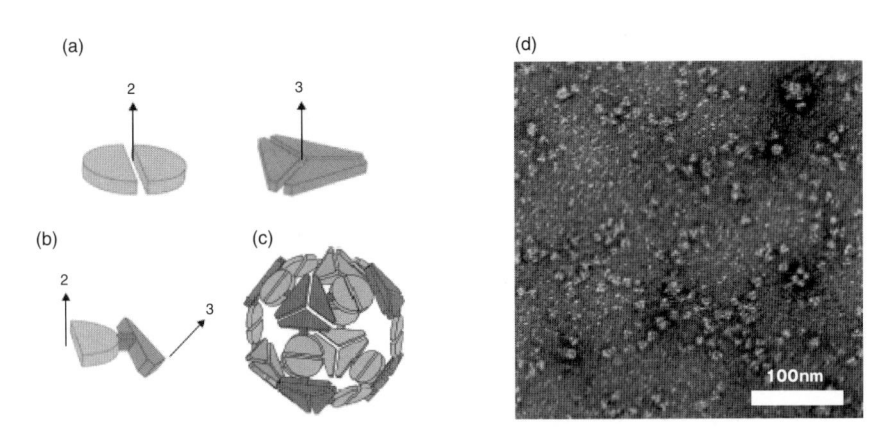

図 9 対称性をもつタンパク質モチーフを組み合わせることによるタンパク質構造体の作製
(a) 天然における2量体タンパク質（左）と3量体タンパク質（右）．(b) 異種対称性タンパク質モチーフを遺伝子的に融合した人工サブユニット．リンカーの設計を変えることにより，2つのサブユニット間の角度を調整している．(c) 人工サブユニットが自己組織化することによりできる球状構造体．(d) タンパク質球状構造体の TEM 画像．[文献 14 から転載・改変]

カリフォルニア大学の Yeates らであろう [15]．彼らは2回対称軸をもつダイマー形成可能なサブユニット（図 9a 左）と3回対称軸をもつ3量体の形成が可能なサブユニット（図 9a 右）を融合した人工サブユニットを作製し（図 9b），それを自己組織化させることにより球状構造体を作製した（図 9c）．2量体の形成が可能なサブユニットと3量体の形成が可能なサブユニットの位置関係を適切な角度になるようにリンカーで融合することにより，12個のサブユニットが球状の高対称性をもつ構造に自己組織化する．これらの構造体の TEM 測定を行った結果，球状の構造体形成が確認できている（図 9d）．対称性の異なるサブユニット間をつなげるリンカーの設計が超分子構造体を作製するための最も重要なポイントとなるが，Yeates らは α ヘリックス性のリンカーを用い，その α ヘリックスの残基数を調整することにより，リンカーの柔軟性，方向，長さといったパラメータをうまく制御している．

3. テトラポット型超分子構造体

　前項では球状の閉じた構造体を人工的に作製する研究を紹介したが，人間の手でもっと複雑なタンパク質構造体を作製することが可能であろうか？　自然においてバクテリオファージなどが示しているように，タンパク質のもつ自己組織化能力や対称性をうまく利用することにより，さらに複雑な構造体を構築することが可能であると考えられる．筆者のグループでは，違う対称性をもつタンパク質間相互作用モチーフを組み合わせて新規タンパク質構造体を作製するのではなく，2種類の同じ対称性をもつタンパク質構造体どうしを組み合わせることにより，新規タンパク質超分子構造体を作製する方法論を開発した [16]．たとえば，三角形状の構造体と棒状構造体を融合した新規の構造体を作製しようとする場合の例を示す（図 10）．3つのサブユニット A が組織化することにより，三角形型の3回対称部位を有するプロテインナノブロック A ができるとする．一方で，3つのサブユニット B が組織化することにより3回対称部位を有する棒状のプロテインナノブロック B ができるとする．次にサブユニット A の N 末端とサブユニット B の C 末端を遺伝子融合したサブユニット A+B を作製する．この2つのプロテインナノブロックは同じ対称性を有しているため，サブユニット A+B は自己組織化することにより，三角形型プロテインナノブ

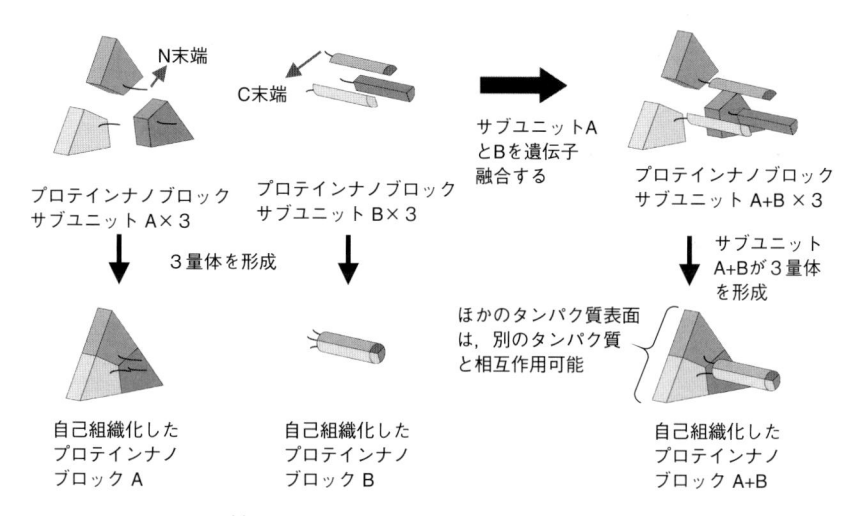

図 10　対称性を利用したタンパク質超分子構造体の作製

ロックと棒状プロテインナノブロックが集積化した超分子構造体ができる．

　この原理を応用して，筆者らは単電子トランジスタの鋳型となる円筒状タンパク質と球状タンパク質を自己組織化させることによる新規超分子構造体の作製を試みている．球状構造体としてリステリアフェリチンを，円筒状構造体としてT4バクテリオファージ由来gp5のβヘリックスドメイン（gp5C）を用いている．リステリアフェリチンは12個のサブユニットモノマーが自己組織化することにより直径9 nm，コア内直径5 nmの球状タンパク質を構築する（図11a）．またgp5Cは3量化し，長さ12 nm，直径3 nmの円筒状タンパク質を形成することがX線結晶構造解析により明らかになっている（図11b）．リステリアフェリチンはそのN末端で3回対称軸を有し，一方でgp5CはそのC末端で3回対称軸を有していることから，gp5CのC末端にリステリアフェリチンのN末端を遺伝子的に融合した新規のサブユニット（ball-and-spike protein supramolecule；BSPS）を作製し，大腸菌発現系で発現・精製することにより，図12に示すような円筒状の構造体と球状構造体を組織化させた超分子構造体を作製できる．リステリアフェリチンには3回対称部位が4か所あるため，BSPSのリステリアフェリチン1つあたり4つのgp5Cが突起したタンパク質超分子構造体が作製できる．TEM測定結果から，球状構造体の周辺に筒状構造体が4本突起した構造（図13a）および3本突起した構造（図13b）が確認できた．観

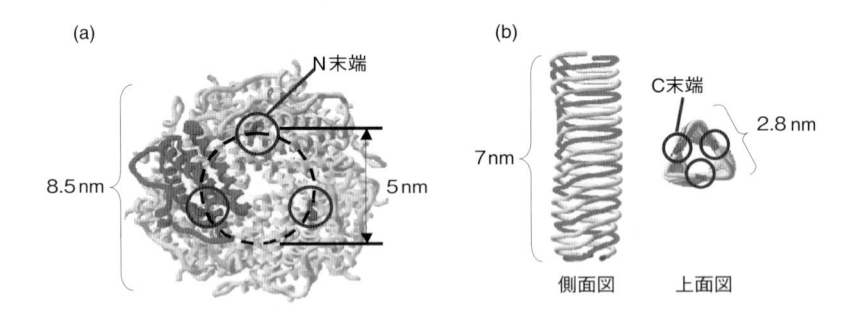

図11　BSPSの作製に使用する球状タンパク質と筒状タンパク質
（a）リステリアフェリチンの構造．3回対称部位を構成しているサブユニットを緑，青，ピンクで示す．またそのN末端を赤で表示している．（b）gp5Cの構造．3量体を形成している各サブユニットを緑，青，ピンクで示す．またそのC末端を赤で表示している．➡口絵3参照

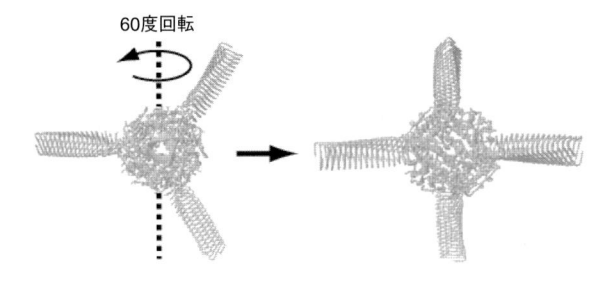

III. 対称性を利用した人工タンパク質，ナノブロックの構築 77

図 12　自己組織化した BSPS のモデル構造

gp5C の C 末端にリステリアフェリチンの N 末端を遺伝子的に融合した人工サブユニットを作製する（BSPS）．この人工サブユニットを 12 量化させることにより，円筒構造体と球状構造体を組織化させた超分子構造体の作製ができる．リステリアフェリチンには 3 回対称部位が 4 か所あるため，BSPS 内部のリステリアフェリチン 1 つあたり 4 つの gp5C が突起したタンパク質超分子構造体ができる．

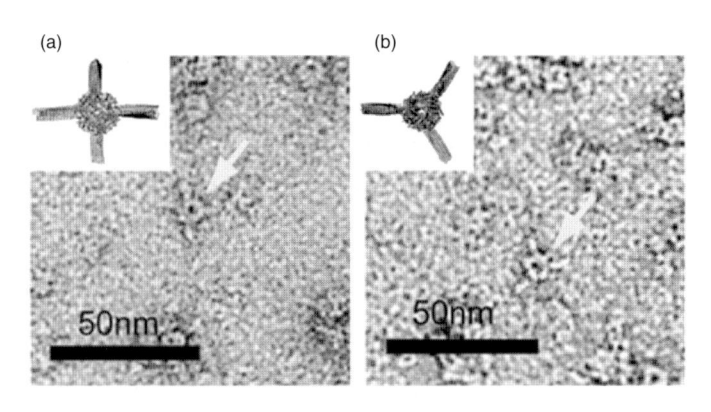

図 13　BSPS の TEM 画像

BSPS の TEM 測定の結果，球状構造体の周辺に筒状構造体が 4 本突起した構造（a）および 3 本突起した構造（b）が確認できた．

測された筒状構造体の数は BSPS のグリッドに対する吸着方向に依存すると考えられる．また円偏光二色性（circular dichroism；CD）や動的光散乱（dynamic light scattering；DLS）測定からも，期待した構造体を形成していることが示唆されている．

　さらに，自己組織化した BSPS のリステリアフェリチン内部に鉄をバイオミネラリゼーションすることにより，酸化鉄ナノ粒子を作製することにも成功し

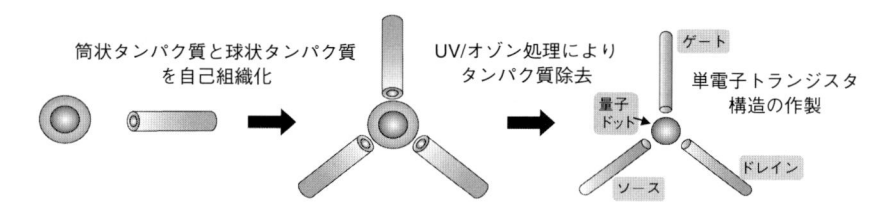

図 14 円筒状タンパク質と球状タンパク質を自己組織化させた新規超分子構造体を鋳型とした単電子トランジスタ構造の作製

ている．自己組織化した BSPS は，ナノ粒子を作製できるフェリチンタンパク質とナノ配線ができる円筒状タンパク質から構成されている．これはつまり，球状構造体と筒状構造体内部に違う金属をミネラリゼーションさせ，UV/オゾン処理によりタンパク質を除去することにより，将来的にナノ粒子の周囲にナノ配線が配置された単電子トランジスタ構造が作製できることを意味している（図 14）．

IV．バイオナノテクノロジーの未来

現在の超微細化，超小型化の潮流に合わせて，ナノサイズの半導体構造の開発が活発に行われている．とくに量子ドット中の電子は，量子コンピューティングや量子情報処理の実現において鍵となるため，ナノ粒子の合成および機能化に関連する技術はめざましく進歩しているのが現状である．

通常の無機合成手法を用いてナノ粒子を作製し，その表面に機能性分子を吸着させる方法においては，粒径の制御が困難であることや，ナノ粒子表面に機能性分子を導入する位置および数を正確に制御することが困難であるため，将来的なビルドアップ型のナノマテリアル作製に限界が生じると予想される．タンパク質を用いる利点として，上記で示した BSPS のように，タンパク質を鋳型として使用しているため，無機物質の配置・形を制御できる点がある．たとえば，フェリチン内部に金属化合物をバイオミネラリゼーションさせてナノ粒子を作製する場合は粒径が揃っており，またナノ粒子合成において問題である粒子間の凝集も抑制できる．さらに対称性を利用することにより，フェリチン上に配置されるロッド状タンパク質構造体の位置および数を制御できる．これ

は言い換えると，ナノ粒子の周囲に配置するナノ配線の数を制御できるということである．また，無機材料を認識するペプチドが最近利用可能となってきており，これらを遺伝子工学的に表面に配置すれば，電極などの位置にこのプロテインナノブロックを自動的に配置することもできる．さらに，温度などの刺激応答性によるペプチドの提示機構を付ければ，温度などの刺激により，配置が始まるといったことも可能になる．これはボトムアップ型ナノテクノロジー，ナノ製造で必要とされる，「ほしいものを，ほしいタイミングで，ほしい場所に」を実現できることを意味する．

　ここで示した方法論，無機材料のナノ構造の構築手法は，すでにタンパク質・無機材料ナノ構造をその製造プロセスに組み込んだフローティングゲートメモリの動作実証により示されているように，遠い夢物語ではなく，すでに実現の領域に入っている．今後，産業的に多くの場面で，このタンパク質を利用したナノ構造作製が利用される日がくると考えている．

文献

[1] Theil, E. C.: *Annu. Rev. Biochem.*, **56**, 289 (1987)
[2] Takeda, S. et al.: *Biochim. Biophys. Acta.*, **1174**, 218 (1993)
[3] Furuno, T. et al.: *Thin Solid Films*, **180**, 23 (1989)
[4] Hikono, T. et al.: *Jpn. J. Appl. Phys.*, **42**, L398 (2003)
[5] Tsukamoto, R. et al.: *Bulletin of the Chemical Society of Japan,* **78**, 2075 (2005)
[6] Okuda, M. et al.: *Biotech. Bioeng.*, **84**, 187 (2003)
[7] Yamashita, I. et al.: *Chem. Lett.*, **33**, 1158 (2004)
[8] Yoshizawa, K. et al.: *Chem. Lett.*, **35**, 1192 (2006)
[9] Hikono, T. et al.: *Appl. Phys. Lett.*, **88**, 023108 (2006)
[10] Miura, A. et al.: *Jpn. J. Appl. Phys.*, **45**, L1 (2005)
[11] Pattanayek, R. et al.: *J. Mol. Biol.*, **228**, 516 (1992)
[12] Knez, M. et al.: *Advanced Functional Materials*, **14**, 116 (2004)
[13] Dujardin, E. et al.: *Nano Lett.*, **3**, 413 (2003)
[14] Scheibel, T. et al.: *Proc. Natl. Acad. Sci. USA*, **100**, 4527 (2003)
[15] Padilla, J. E. et al.: *Proc. Natl. Acad. Sci. USA*, **98**, 2217 (2001)
[16] Sugimoto, K. et al.: *Angew. Chem. Int. Ed. Engl.*, **45**, 2725 (2006)

Chapter 5

生体材料 I
モータータンパク質とその利用

野地博行

●はじめに

　最新のイメージング技術を用いて生きている細胞を見てみよう．その中では，膜小胞など小さな粒子が驚くほど活発に動いている．細胞分裂のときには，染色体DNAがきれいにそろって引っ張られている．細胞自体も運動することもある．このような運動は，すべてタンパク質分子が力を出している結果である．それらは，モータータンパク質とよばれる．モータータンパク質は，これまで1分子イメージングや1分子操作の対象となっており，それらの研究は1分子ナノバイオを牽引してきた．ここでは，これらモータータンパク質について紹介する．

I. モータータンパク質とは

　「モータータンパク質」とは，力学的な運動を行い，それが生理的役割に直結しているタンパク質である．たとえば，筋肉の力の発生を担っているミオシン[1]や，細胞内物質輸送を行うキネシン[2,3]が有名である．最近では，ほかにも力学的仕事をするタンパク質が次々と見つかっている．たとえば，RNA合

成酵素は，名前のとおりその生理的役割は RNA 合成であるが，RNA を合成するとき，外力にさからって鋳型 DNA の上を移動することができる [4]．このほかにも，ある種の DNA 切断酵素 [5] や，ウイルス粒子中に DNA を格納するタンパク質 [6] も，力を発生する．これらの力学的な仕事は，一見すると生理的役割に関係なさそうに見えるかもしれない．しかし，実は DNA の上を一方向に移動したり DNA の構造を壊したりするためには，力の発生は必然なのである．したがって，広い意味では，これらもモータータンパク質とよんでよいかもしれない．さらに言うと，たいていのタンパク質は機能を発揮するために構造を変形する．そのため，今後の実験システムの開発によっては，非常に多くの生体分子がモータータンパク質として再発見されるかもしれない．

II. 運動の形態によるモータータンパク質の分類

　モータータンパク質は，運動の形態からおおよそ2種類に分けることができる．直線運動するリニアモーターと，回転運動する回転モーターである（表1）．図1に，代表的なリニアモーターと回転モーターの模式図を示す．前述のミオシンは，アクチンとよばれるタンパク質が重合してできた線維の上を一方向に移動するリニアモーターである（図1a）．ミオシンは，筋肉の力発生に直接関わるタンパク質として発見されたが，その後，細胞の中で物質輸送している種類も数多くみつかっている．同様に，細胞内物質輸送に関わっているリニアモーターとしてキネシンがあげられる．キネシンは，微小管とよばれる線維タンパ

表1　モータータンパク質の分類

	リニアモーター	回転モーター
ATP 駆動	ミオシン キネシン ダイニン RNA, DNA 合成酵素 DNA パッキングタンパク質	ATP 合成酵素の F_1 モーター
電気化学ポテンシャル駆動		べん毛モーター ATP 合成酵素の F_o モーター

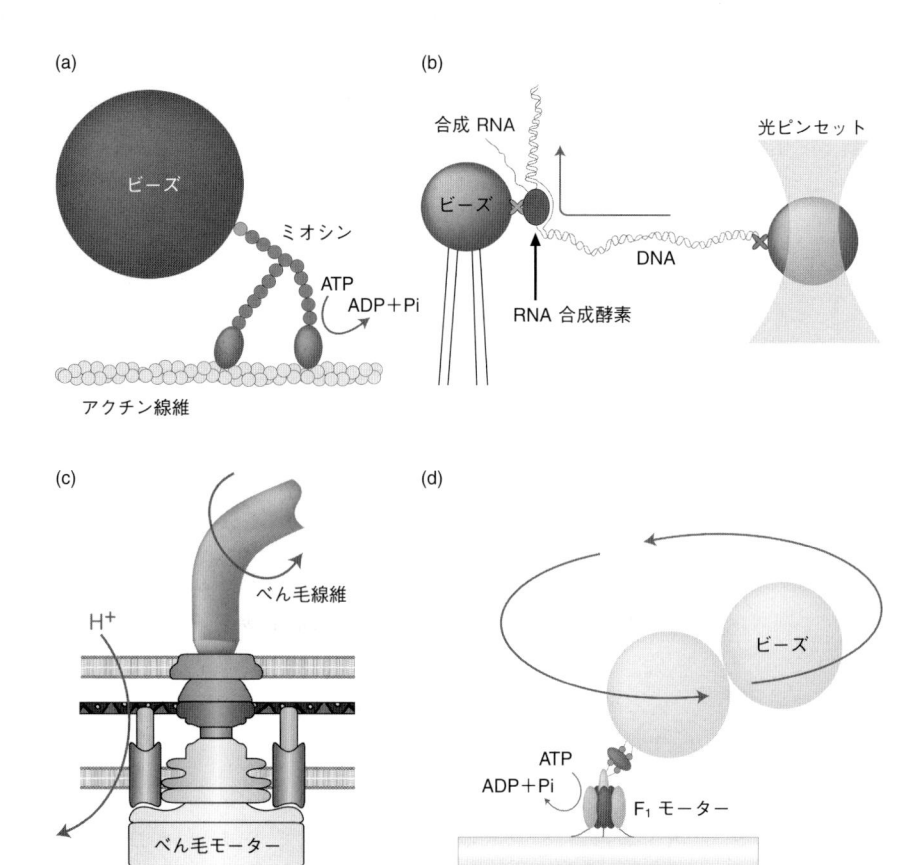

図 1　モータータンパク質の例

（a）ミオシン分子．アクチン線維をレールとして ATP 加水分解に伴い荷物（ここではプラスティックビーズ）を一方向に運搬する．（b）RNA 合成酵素の 1 分子運動計測．酵素自体は，左のプラスティックビーズに固定され，プラスティックビーズに末端が固定された DNA 鎖を引っ張りながら RNA の合成を行う．このとき，DNA が固定されたビーズを光ピンセットで保持することで，RNA 合成酵素の力を測定することができる．（c）べん毛モーター．バクテリアの内膜-ペプチドグリカン-外膜を貫いてタンパク質集合体が外に突き出している．プロトンの流入に伴い，回転子に接続したべん毛線維を回転させる．（d）ATP 合成酵素の F_1 モーター．アデノシン三リン酸（ATP）を加水分解して一方向に回転子を回転させる．このとき，回転子にビーズを接続することで簡単に回転運動を可視化することができる．

ク質の上を一方向に移動する．アクチン線維，微小管ともに線維構造に方向性があり，各モーター分子は特定の方向に移動する．たとえば，筋肉のミオシンはアクチンのプラス端とよばれる末端方向に運動し，キネシンも微小管のプラス端方向に運動する．特殊なミオシンや，ダイニンとよばれる微小管モーターは，それぞれアクチン線維，微小管線維のマイナス端に向かって移動する [7,8]．また，RNA 合成酵素も，DNA 線維上を一方向に移動するリニアモータータンパク質である（図 1b）．そのほか，DNA 線維上に結合して機能するタンパク質の多くが，一方向に運動するリニアモーターであることが 1 分子計測から明らかにされつつある．

　回転モーターとして最初に見つかったのはバクテリアのべん毛モーターである（図 1c）．ちなみに，精子のべん毛は回転モーターではないので注意されたい．精子など真核生物のべん毛は，回転運動ではなく「鞭打ち運動」によって推進力を発生している．そこで働いているのはアレイ状に並んだダイニンである．バクテリアのべん毛は，細胞基部にあるモーター部分と，これに接続したらせん状の線維（べん毛）からなる．モーター部分が回転しべん毛を回転することで推進力を発生する．また最近になって，ATP 合成酵素とよばれる酵素タンパク質は 2 つの回転モータータンパク質が結合したものであることが証明され（図 1d），その詳細なメカニズムが研究されている [9,10]．ATP 合成酵素を構成する 2 つの回転モーターは F_1 モーターと F_o（エフオー）モーターとよばれる．どちらも，一方向に回転するモーターである．これに対し，べん毛モーターには方向転換スイッチが存在し，ある頻度で回転方向を反転させている．このスイッチの分子メカニズムは不明であるが，このスイッチの頻度を変えるだけでバクテリアは餌の多い場所にたどり着ける．

　以上のように，モータータンパク質はリニアもしくは回転モーターに分類されるが，らせん運動をするモータータンパク質もある．たとえば，上述の RNA 合成酵素がそれである．RNA 合成酵素は，DNA というらせん構造をなぞって運動するため，その運動は結果としてらせん運動になる [11]．また，アクチン線維もらせん構造をもつため，ある種のミオシンがらせん運動を行うことも報告されている [12]．このように，リニアモーターとして知られているモータータンパク質も，レールとして機能するタンパク質にらせん状のパターンがある

場合は，らせん運動をすると考えたほうがよいかもしれない．

III. エネルギー源によるモータータンパク質の分類

エネルギー源によっても，モータータンパク質を2種類に分類することができる（表1，図2）．1つは，リン酸結合の加水分解エネルギーであり，もう1つはイオンのポテンシャルエネルギーである．ほとんどのモータータンパク質は，リン酸結合の加水分解エネルギーで駆動する．その多くは，アデノシン三リン酸（adenosine 5′-triphosphate；ATP）をアデノシン二リン酸（adenosine

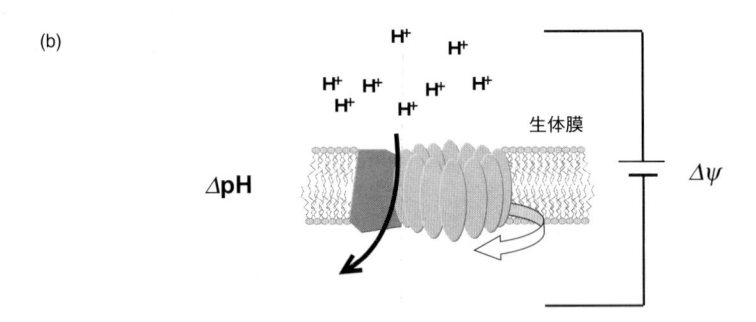

図2　モータータンパク質の駆動力

（a）アデノシン三リン酸（ATP）．ATPが加水分解されるとアデノシン二リン酸（ADP）と無機リン酸（Pi）が放出される．リン酸基は，右から α，β，γ とよぶ．モータータンパク質による加水分解反応によって，γ リン酸基が解離し，大きな自由エネルギーが放出される．（b）プロトンの電気化学ポテンシャル．生体膜の上下には，膜電位（$\Delta\psi$）とイオン濃度差（ΔpH）からなる電気化学ポテンシャルが形成されている．これに沿ってイオンが流れるとき，自由エネルギーが放出され，べん毛モーターや F_o モーターなどの回転運動をひきおこす．

5′-diphosphate；ADP）と無機リン酸に加水分解するときの自由エネルギーで駆動する．ATPは，モータータンパク質に限らず，エネルギーを必要とするさまざまな生化学反応に広く使われる．そのため，教科書には「細胞のエネルギー通貨」として解説されている．RNA合成酵素は，合成中のRNA分子の3′末端（伸長末端）にATPやGTPなどのヌクレオチド（RNAの構成単位）を付加することでRNA伸長反応を行う．このとき，各ヌクレオチドから二リン酸が遊離し，エネルギーが放出される．RNA合成酵素の場合，この伸長反応自体が駆動力となる．これはDNA合成酵素の場合も同様である．また，ATP合成酵素のF_1モーターもATP駆動型である．

イオンのポテンシャルエネルギーで駆動するモーターとして，べん毛モーターと，ATP合成酵素のF_oモーターが知られている．これらは，生体膜に埋まらないと機能しないが，実はその駆動力と関係がある．モーターが埋まっている生体膜の上下には，電位差と水素イオンの濃度差が形成されている．この2つの駆動力は，いずれも水素イオンを片方へ駆動するポテンシャルエネルギーである．この2つのポテンシャルエネルギーを合わせて「電気化学ポテンシャル」とよぶ（図2b）．

$$\Delta \mu H^+ = F \Delta \psi + 2.3\, RT\, \Delta pH$$

このポテンシャル差に沿ってプロトンがモーターの内部を通過するとき，これらのモーターは固定子に対して回転子を一方向に回転させる．一部のべん毛モーターやATP合成酵素に関しては，H^+の代わりにNa^+の電気化学ポテンシャルで駆動することが知られている [13, 14]．

これ以外にも，タンパク質による力発生機構がある．たとえば，微小管やアクチン線維の伸長反応を用いた力発生がそれである．これは，ブラウニアン・ラチェット機構[*1]の一種である．この線維の伸張反応による力は，細胞膜の末端を細胞の内側から押し出すとき [15] や，リステリアとよばれる寄生細胞が推進するとき [16] に利用されている．これらの例では，各1量体分子がくり返して力を発生するのではないため，これをモータータンパク質とはよびにくいが，モータータンパク質に匹敵する力を発生することができる [17]．

IV. モータータンパク質の1分子可視化技術

　モータータンパク質は，ATPを加水分解する酵素としての性質もあるが，その本質は「はたらく」「力を出す」といったダイナミクスにある．したがって，その分子機構を知るには，1分子可視化・1分子操作技術が必要となる．歴史的には，この必要性に押されるように1分子計測技術が開発されてきた．いまやこれらの手法は，モータータンパク質だけでなくほかのさまざまなタンパク質分子やDNA分子，RNA分子，さらには人工分子の計測にまで利用されるようになった．生体分子の1分子可視化で問題となってくるのは，常温の水溶液中で計測しないといけないという制約である．このため，タンパク質のダイナミクスを見るためには，STMはもとより電子顕微鏡も使えない．現在のところ，1分子可視化ではおもに光学顕微鏡を用いるのが主流であるが，無色透明のタンパク質分子を見るためには目印（プローブ）をつける必要がある．多くの場合，蛍光標識することが多い．

　1分子蛍光イメージングを用いて，機能している生体分子の可視化に初めて成功したのは大阪大学の柳田らである．彼らは，ガラス基板表面で励起光を全

---

*1　ブラウニアン・ラチェット機構：ここでいうブラウニアンラチェット機構とは，動かしたい相手の熱ゆらぎによるランダムな運動を利用するものである．たとえば，アクチン線維の伸張による生体膜の運動を考えてみよう．アクチン線維の伸張反応自体は力を発生しないため，線維の先端が細胞膜と接触している場合，アクチン線維は伸張しない．しかし，細胞膜は熱ゆらぎによって常に前後に動いている．細胞膜のゆらぎの結果，アクチン線維の先端にアクチン1量体が入り込めるだけのスペースが生じたとき，モノマーは線維先端に結合することができる．その結果，一度前方にゆらいだ細胞膜は後ろに戻れないために，アクチン1量体1個分だけ前方に進んだことになる．走化性の細胞の細胞膜はこのメカニズムによって進行方向に移動していると考えられている．このように，動かしたい相手が前方方向に移動したすきに，後ろにストッパーを置くだけで物体を動かすことができる．ちなみに，フラットなポテンシャルと非対称なポテンシャルの間を行き来させるだけでそのポテンシャル上の粒子を移動させるモデルもブラウニアン・ラチェットとよばれることもあるが，フラッシング・ラチェットとよんで区別されることがある．

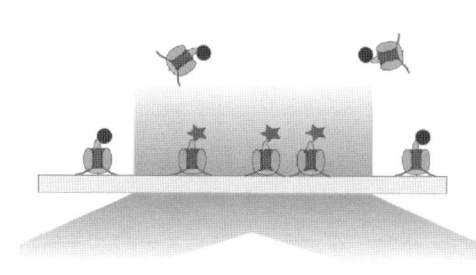

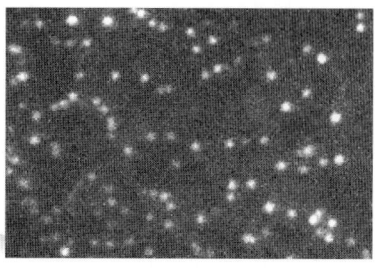

図 3 近接場光(エバネッセント光)を用いた蛍光 1 分子イメージング
ガラスと水溶液の界面で励起光を全反射させると,ガラス表面だけにエバネッセント光が発生し,表面に固定化された蛍光色素だけが励起される.

反射させることでその表面だけを照明する近接場光を発生させ,ガラス基板に固定されたミオシン分子の蛍光 1 分子イメージを得た [18]. 本来,蛍光分子 1 分子由来の蛍光強度は市販の高感度カメラで十分に検出可能であったが,問題は,試料の汚れ,水のラマン散乱,使用している光学システムなどに由来するノイズであった. 柳田らは,近接場光照明法を利用することでタンパク質が存在する部分だけを局所的に照明し,それによってタンパク質の 1 分子可視化に成功した. この手法を用いれば,可視化したい分子より小さなプローブを用いることで,分子運動やリガンドの結合解離の様子を可視化することができる(図3). 現在では,市販品も存在する. また,これ以外の手法として共焦点顕微鏡などが用いられている [19]. いずれも,余計な背景光を抑えるための照明部分の局所化がポイントである.

可視光を用いた計測における問題点として,分子の大きさ(数~数十ナノメートル)に比べ非常に大きな空間分解能(波長の半分,およそ 200 nm)があげられることが多い. しかし,2つの点光源を見分けるのではなく,輝度の中心位置を求めるだけなら数ナノメートルまで精度を上げられる. たとえば直径 1 μm のビーズを可視光で計測するとき,実に 0.1 nm の位置決め精度が報告されている. この手法は,RNA 合成酵素が RNA を合成する際に 1 塩基(= 0.34 nm)おきに移動するのを計測するのに使用される [20]. また,光強度の弱い蛍光 1 分子イメージングでも,ミオシン分子のステップ運動を計測するために,蛍光 1 分子可視化によるナノメートル計測が報告されている [21]. また,別の手段と

して，蛍光共鳴エネルギー移動のイメージングがある．これは，2つの異なる蛍光分子間で，片方の分子（ドナー分子）の蛍光波長と，もう片方の分子（アクセプター分子）の励起波長が重なるときには，ドナー分子を励起した際にアクセプター分子から蛍光が発する現象である．エネルギー移動効率は，蛍光分子の分子間距離が短くなると効率は非常に高く，離れると低下する．そのため，注目する部位をアクセプターとドナーで標識することで，その間の距離変化が計測できる．これを用いて，タンパク質分子間・分子内の構造変化の1分子計測も報告されている [22,23]．ただし，距離変化に敏感な分ダイナミックレンジが狭く，数 nm の範囲の距離変化しか検出できないことに注意しなくてはいけない．

プローブとして，分子よりも数十倍から数百倍大きな目印を用いると，蛍光1分子イメージングよりはるかに簡単に1分子計測ができる．この場合は，大きな目印に対する水の粘性抵抗が問題となるが，大きな力を発生するタンパク質には簡便かつ有効な方法である．たとえば，ミオシンやキネシン分子に直径がマイクロメートルサイズのプラスティックビーズを接続させると，ビーズがレールタンパク質の上を移動する様子が肉眼で見える．また，F_1 モーターの回転の様子も，F_1 の回転子にビーズを接続することで簡単に可視化できる．このように，力強い連続運動が期待される場合には，このような大きな目印を用いた可視化実験を初めに検討したほうがよいだろう．さらに，これらの方法は，後述する1分子操作技術の導入にも適している．

また最近では，原子間力顕微鏡による水溶液中可視化技術の空間分解能と時間分解能が飛躍的に向上してきている．金沢大学の安藤らは，ビデオレート（33 ミリ秒）に近い時間分解能で生体分子を可視化できる原子間力顕微鏡の開発を報告している [24]．近い将来，原子間力顕微鏡を用いたダイナミクス測定も多数報告されるようになるであろう．

V. モータータンパク質の1分子操作

現在，最も一般的な1分子操作は光ピンセットである．これは，光の放射圧を用いた方法で，光を集光した点で物体を保持することができる．光ピンセッ

トでは，物体が受ける力は，光の焦点からの距離に比例する．そのため，あらかじめ光ピンセットが発生するバネ定数を計測しておけば，トラップされている物体にかかっている力を計測することができる．ただし，光の波長よりもはるかに小さなものや，水と屈折率が同じものは捕捉できない．一般的には，直径数百 nm から数 μm のプラスティックビーズをモータータンパク質に接続する．このとき，モータータンパク質の力と光ピンセットのバネの平衡点から，分子が出している力が求まる．1993 年に Block らがキネシンのステップ状の動きを測定して以来 [25]，ミオシンやキネシンなどの 1 分子操作や 1 分子力学測定には光ピンセットが利用されている．

図 1b は，RNA 合成酵素の運動計測のために光ピンセットを用いた実験例を模式的に示したものである．RNA 合成酵素分子をガラスピペットで保持したプラスティックビーズもしくはガラス基板に固定化し，鋳型 DNA の一端を光ピンセットで補足したプラスティックビーズに固定化する．鋳型 DNA と RNA 合成酵素が複合体を形成し，転写を開始すると，鋳型 DNA は RNA 合成酵素側に引っ張られることになる．鋳型 DNA にかかる張力が十分大きくなると，光ピンセットに補足されたプラスティックビーズのゆらぎが小さくなり，分子の動きをより詳細に計測することができる．このとき，分子運動のステップが計測できる場合がある．また，張力が RNA 合成酵素の発生する力より大きくなると分子運動は停止する．ここから，分子が発生する最大の力を求めることができる．

1 分子操作法としては，ほかに磁気ピンセットがあげられる．磁気ピンセットは，タンパク質にマイクロメートルサイズの磁気ビーズを接続し外部磁場を用いて操作する手法である．勾配の強い磁場を与えることで磁気ビーズに対して引力を発生するタイプ [26] と，均一な磁場を発生することで回転トルクのみを与えるタイプ [27] の 2 種類が存在する．前者のタイプは，おもに DNA モーターなどのリニアモーターを研究するときに利用されている．トルクを与えるタイプは，F_1 モーターなどの回転モーターの計測に適している．図 4 は，トルクを与えるタイプの磁気ピンセットの模式図を示す．このときのポテンシャルの形状は三角関数であるが，安定点付近はバネポテンシャルで近似することができる．原理的には，光ピンセット同様の力の計測などが可能である．ただし，

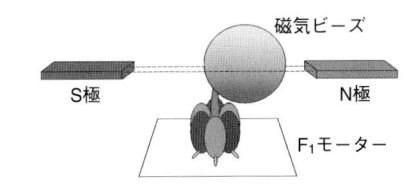

図 4 モータータンパク質の代表的 1 分子操作技術,磁気ピンセット

ここでは,鉛直方向に磁場の勾配が少ないタイプを図示した.そのため,回転トルクを分子に与えるのに適している.光ピンセットに関しては,図1(b) の RNA 合成酵素の実験システムで図示している.

磁気ビーズごとに形状や磁性体の量が不均一であるために,バネ定数の計測は個々のビーズに関して行わなければならない.そのため,操作実験には適しているが,力の定量計測はむずかしい.

これ以外の手法として,原子間力顕微鏡やガラスニードルを用いた1分子操作があげられる.これを用いて,タンパク質の硬さ測定が1分子レベルで計測されている(Chapter 12「原子間力顕微鏡による生体材料計測」参照).モータータンパク質の運動・力測定に利用された例もある [28].この場合は,光ピンセットで補足されたビーズと異なり,プローブの針が自由回転しない点や,より弱い力が計測できるという長所があげられる.

VI. 1分子ナノバイオ研究のためのマイクロマシンニング技術の利用

ここでは,モータータンパク質の研究から発生した1分子ナノバイオ研究領域と,トップダウン型ナノテクノロジーである微細加工技術との融合研究について紹介する.この2つを融合する試みは,数年前から始まったばかりであり,その流れは2つに分類できる.1つは,「1分子ナノバイオ研究のためのマイクロマシンニング技術の利用」である.もう1つの流れは,モータータンパク質をナノメートルの駆動装置としてとらえた「マイクロデバイス開発のためのモータータンパク質の利用」である.これらの2つはめざす方向が異なるが,融合技術そのものは共通である.そのため,この2つの研究は協調しながら発

展している．

　「1分子ナノバイオ研究のためのマイクロマシンニング技術の利用」の最初の例として，マイクロ流体デバイスの利用があげられる．これは，微細加工によって作製した複数のマイクロチャネルから，シリンジポンプもしくは電気浸透流を用いて数種類の溶液を混合もしくは層流として計測領域に流し込む技術である．顕微鏡上で観察している分子の溶液環境（基質の濃度やイオン強度）を迅速に制御するのに適している．これを用いれば，さまざまな溶液条件における蛍光1分子イメージングが可能である．ただし，大きなプローブを用いた1分子計測ではプローブに大きな力がかかってしまい，これには向かない．

　また，もう1つの例として，数十ナノメートルサイズの孔が多数並んだアレイ構造を利用した近接場光チップがあげられる [29]．これは，ガラス基板上に蒸着した金属箔に単にナノメートルの孔を開けたものである．ガラス面から光を照射すると，孔の内側に近接場光を発生する．これは走査型近接場顕微鏡のプローブをアレイ状に並べたものに相当し，全反射型の近接場光よりさらに狭い領域しか照明しないため，背景光をより下げることができる．ただし，この場合，光信号は微小孔からの光強度だけであるため，2次元情報に関しては得られない．

　また，超微小のチャンバー（反応器）を用いた1分子検出も報告されている．各生体分子の化学反応によって発生する生成物の数はごくわずかであるが，これをきわめて狭い領域に閉じ込めることができれば濃度変化が大きくなり，その検出は可能となる．そこで，酵素分子を1分子単位で検出するために，大きさがマイクロメートルサイズで体積がフェムトリットルのオーダーしかない孤立化した超微小チャンバーが開発された [30]．また，このチャンバー内に回転モータータンパク質である F_1 モーターを閉じ込め，磁気ピンセットで逆回転して ATP を合成する実験も報告されている [27]．この測定では，F_1 モーターの回転速度を ATP 濃度に比例して変化する性質を利用して，合成された ATP 量の測定に F_1 モーターの回転運動そのものが利用された（図5）．

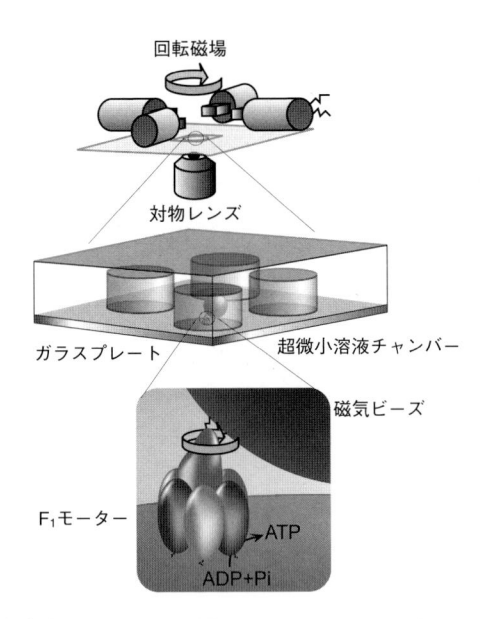

図 5　超微小溶液チャンバーを用いた F_1 モーターによる ATP 合成実験
フェムトリットルオーダーの空間に，F_1 モーターを閉じ込め，磁気ピンセットで逆回転する．その際に合成された ATP 分子は，分子数としては少ないが，チャンバーの体積が小さいため，短時間で高濃度に達する．外部磁場から開放されたモーター分子は，自分で合成したATP を自ら分解しながら回転運動する．このときの回転速度から ATP 量が計測できる．

VII. マイクロデバイス開発のためのモータータンパク質の利用

　モータータンパク質は，ナノメートルの大きさの駆動装置である．これをマイクロデバイスに埋め込み駆動装置として利用しようという試みがある．初めに注目された成果として，矢尻構造をもつマイクロチャネルにキネシンを固定し，微小管のすべり運動を一方向に制御した実験があげられる．通常のキネシンの運動特性解析では，キネシン自身はガラス基板に固定され，そこに ATP と一緒に微小管が添加される．微小管は，ガラス上の複数のキネシン分子と結合し，キネシン分子の発生する力によってガラス表面上をすべり運動する．このようなアッセイでは，キネシンの固定化に方向性がないため，それぞれの線維のすべり運動の方向はバラバラである．そこで，これを矢尻の形をもったドー

ナッツ型のマイクロチャネル中で行った．はじめは，ドーナッツ型のチャネルの中で，時計回りと反時計回りの両方向にすべり運動している線維が同数存在する．しかし，矢尻とは逆向きに運動していた微小管は，矢尻の部分で反転するため，線維の動く方向は時間とともに矢尻方向に整流される [31].

これとは逆に，微小管を固定しキネシンに人工物を接続して，ナノ搬送システムとして利用する試みもある．この場合，微小管の向きをそろえて固定する方法が問題である．これはマイクロチャネルによる流れを利用することである程度制御できている [32]．ただし，現状ではまだマイクロデバイス中へのモータータンパク質の導入の段階であり，駆動装置またはナノ搬送システムとして機能させた例がほとんどない．

●おわりに

今後，これらの融合研究をより発展させるためには，固体表面上へのタンパク質の特異的固定方法や，さらにタンパク質の配向技術の確立が不可欠である．DNAと異なり，立体構造が機能維持に不可欠であるタンパク質は，乾燥や保存に弱く，固体表面で変性しやすい性質をもつ．また，タンパク質が異なるとその化学的・物理的性質が異なるため，分子ごとに最適な固定方法・配向技術が異なる．この問題は，DNAチップの開発にはなかったプロテインチップ特有の問題である．この問題点を克服できるか否かが，今後この領域の発展を大きく左右するであろう．そのためにも，表面化学などの手法を用いて固体表面上のタンパク質の状態を地道に評価することが，遠回りのようで不可避な道であると思われる．

文献

[1] Yanagida, T. *et al.*: *Philos. Trans. R. Soc. Lond. B. Biol. Sci.*, **355**, 441-447 (2000)
[2] Vale, R. D., Reese, T. S., Sheetz, M. P.: *Cell*, **42**, 39-50 (1985)
[3] Vale, R.D.: *Cell*, **112**, 467-480 (2003)
[4] Guthold, M. *et al.*: : *Biophys. J*, **77**, 2284-2294 (1999)
[5] Seidel, R. *et al.*: *Nat. Struct. Mol. Biol.*, **11**, 838-843 (2004)
[6] Smith, D.E. *et al.*: *Nature*, **413**, 748-752 (2001)

[7] Ikebe, M. et al.: Adv. Exp. Med. Biol., **538**, 143-156; discussion 157 (2003)
[8] Nishiura, M. et al.: J. Biol. Chem., **279**, 22799-22802 (2004)
[9] Noji, H., Yasuda, R., Yoshida, M., Kinosita, K. Jr.: Nature, **386**, 299-302 (1997)
[10] Noji, H., Yoshida, M.: J. Biol. Chem., **276**, 1665-1668 (2001)
[11] Harada, Y. et al.: Nature, **409**, 113-115 (2001)
[12] Ali, M.Y. et al.: Nat. Struct. Biol., **9**, 464-467 (2002)
[13] Imae, Y., Atsumi, T.: J. Bioenerg. Biomembr., **21**, 705-716 (1989)
[14] Kaim, G.: Biochim. Biophys. Acta, **1505**, 94-107 (2001)
[15] Miyata, H., Nishiyama, S., Akashi, K., Kinosita, K., Jr.: Proc. Natl. Acad. Sci. USA, **96**, 2048-2053 (1999)
[16] Pantaloni, D., Le Clainche, C., Carlier, M. F.: Science, **292**, 1502-1506 (2001)
[17] Marcy, Y., Prost, J., Carlier, M. F., Sykes, C.: Proc. Natl. Acad. Sci. USA, **101**, 5992-5997 (2004)
[18] Funatsu, T., Harada, Y., Tokunaga, M., Saito, K., Yanagida, T.: Nature, **374**, 555-559 (1995)
[19] Byassee, T. A., Chan, W. C., Nie, S.: Anal. Chem., **72**, 5606-5611 (2000)
[20] Greenleaf, W. J., Block, S. M.: Science, **313**, 801 (2006)
[21] Yildiz, A. et al.: Science, **300**, 2061-2065 (2003)
[22] Ueno, T., Taguchi, H., Tadakuma, H., Yoshida, M., Funatsu, T.: Mol. Cell, **14**, 423-434 (2004)
[23] Murakoshi, H. et al.: Proc. Natl. Acad. Sci. USA, **101**, 7317-7322 (2004)
[24] Ando, T. et al.: Proc. Natl. Acad. Sci. USA, **98**, 12468-12472 (2001)
[25] Svoboda, K., Schmidt, C. F., Schnapp, B. J., Block, S. M.: Nature, **365**, 721-727 (1993)
[26] Gosse, C., Croquette, V.: Biophys. J., **82**, 3314-3329 (2002)
[27] Rondelez, Y. et al.: Nature, **433**, 773-777 (2005)
[28] Kitamura, K., Tokunaga, M., Iwane, A. H., Yanagida, T.: Nature, **397**, 129-134 (1999)
[29] Levene, M.J., et al.: Science, **299**, 682-686 (2003)
[30] Rondelez, Y. et al.: Nat. Biotechnol., **23**, 361-365 (2005)
[31] Hiratsuka, Y., Tada, T., Oiwa, K., Kanayama, T., Uyeda, T. Q.: Biophys. J., **81**, 1555-1561 (2001)
[32] Yokokawa, R., Takeuchi, S., Fujita, H.: Analyst, **129**, 850-854 (2004)

Chapter 6

生体材料 II

DNAの構造と機能

水野 彰・桂 進司・小松 旬

I. DNAの基本構造

　われわれ人間だけでなくすべての生物は，その子孫を残すために，自らを形成するための情報を伝えていかなければならない．この遺伝を担っているものは，デオキシリボ核酸（DNA）という化学物質であり，親から子へ異常なく伝えていく必要がある．バクテリアなどの単細胞生物から，植物・動物にいたるまでのすべての生物はこのDNAを個々の細胞の中にもっている．DNAの中には実際の細胞や個体を形成するために必要な遺伝子とよばれる部位が数多くあり，同じ個体の場合，すべての細胞に同じDNAがあるが，使われている遺伝子はその細胞によって異なっている．

　DNAは，アデニン（A），グアニン（G），チミン（T），シトシン（C）という4つの塩基とよばれる化学物質の並びをもって遺伝情報を暗号化している．この4種類の塩基がデオキシリボヌクレオチドの骨格に沿って並び，アデニンはチミンと，グアニンはシトシンとそれぞれ特異的に水素結合を介して塩基対を形成し（図1），逆平行の二重らせんの状態で安定になっている．この二重ら

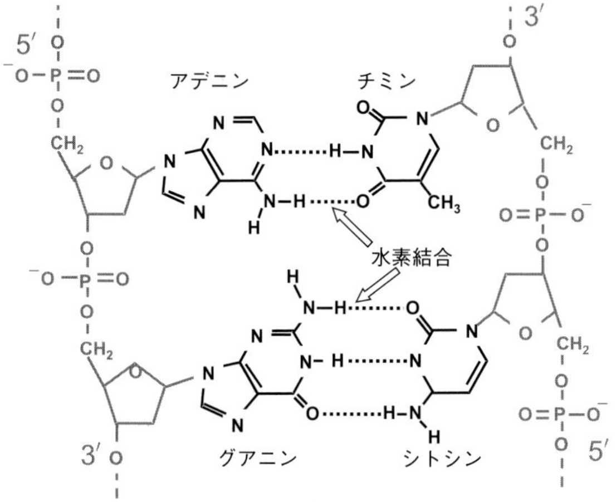

図 1　DNA の化学構造

せんの直径はおよそ 2 nm であり，塩基対間の距離は，一般的な B 型構造ではおよそ 0.34 nm である．ヒトの場合はすべての DNA の長さを合計すると，およそ 30 億塩基対あるので，約 1 m になり，体細胞は二倍体なので実際には 2 m に及ぶ長さの DNA が細胞核内に収められていることになる．

　このように長大な高分子を細胞のような小さな領域に収納するために，ヒトなどの真核生物では染色体とよばれる構造をとっている．DNA はむき出しの状態で細胞内にあるのではなく，いくつかの段階に分けられる折りたたみ構造をとって細胞内に存在している（図 2）．ヒストンとよばれる塩基性タンパク質の 8 量体が DNA の折りたたみの中心を担っており，まずこのヒストン 8 量体に DNA が巻きつく．この DNA とヒストン 8 量体の複合体をクロマチンとよび，折りたたみの第一段階はこのクロマチンが DNA の全長にわたって数珠のようにつながったものになっている．次に，このクロマチンどうしの相互作用によって，およそ 30 nm の太さをもつクロマチンファイバーとよばれる構造があり，これが蛇腹のようになった構造で通常は核内に存在している．この全長にわたってヒストンと結合している DNA を染色体とよび，色素で容易に染色されるため，光学顕微鏡でも存在が確認できる．細胞分裂の際には，この染色体がさらに折りたたまれて，非染色でも位相差顕微鏡などで確認できるようにな

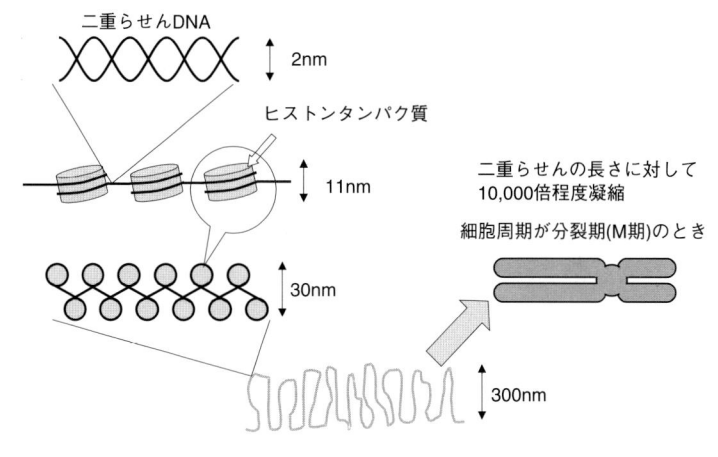

図中ラベル:
- 二重らせんDNA 2nm
- ヒストンタンパク質 11nm
- 30nm
- 300nm
- 二重らせんの長さに対して10,000倍程度凝縮
- 細胞周期が分裂期(M期)のとき

図2 染色体DNAの折りたたみ

る．細胞分裂期の染色体の大きさは，むき出しのDNAの長さに比べて10,000倍程度に凝縮されている．

　細胞は，分裂を行っている間はDNAの複製→折りたたみ→分裂をくり返す．このくり返しを細胞周期とよび，DNAの複製はS期，細胞分裂はM期に行われる．生物として機能を維持するためにはたえず必要なタンパク質を合成してさまざまな代謝活動を行いながら細胞分裂を行っていく必要がある．DNAは，生物としての機能を維持するために必要なタンパク質の設計図であるが，DNAにある情報を直接読み取ってタンパク質を合成することはできない．いったんDNAとよく似た構造をもつRNAにDNAの情報を転写し，このRNAに転写された情報を翻訳してはじめてタンパク質がつくられる．RNAは情報を介在するだけの物質ではなく，それ自身がタンパク質のような機能をもつものもある．DNAからRNA，RNAからタンパク質という情報の流れは一般に普遍であり，これは分子生物学のセントラルドグマとして位置づけられている．

II. DNAの増幅法

　通常，DNAを解析するためには，同一配列（モノクローン）のDNAがfmol

オーダーは必要となるので，増幅操作が必要となる．その手法として，細胞内で起こる DNA 複製反応を利用する遺伝子組換えによる手法と，DNA 合成酵素による合成反応を利用した試験管内での手法とが知られている．

　遺伝子組換え法では，対象となる DNA 断片をベクター DNA（運び屋 DNA）と連結し，ホストとなる細胞に導入する．ベクター DNA には複製起点，薬剤耐性遺伝子，クローニング部位を含んでいるために，導入後，薬剤耐性遺伝子に対応する抗生物質などを含む培地で培養することにより，組換え DNA またはベクター DNA が導入された細胞のみが増殖することになる．また，クローニング部位はセレクション用遺伝子内に作られることが多いので，外来 DNA 断片が挿入されると当該セレクション用遺伝子の機能は失われることになる．この性質を用いることにより外来 DNA 断片がベクター DNA に挿入されたことを確かめることができる．このようにして得られた組換え体を大量培養し，さらに DNA 抽出を行うことにより，モノクローンである大量の DNA 分子を調製することが可能となっている [1]．遺伝子組換え法は遺伝子操作，遺伝子導入，目的遺伝子をもつホストの選択などの複数の工程からなっているが，それぞれの工程の効率が必ずしも高くないために，極微量の DNA 断片を増幅することは必ずしも容易ではない．

　一方，試験管内の反応のみで DNA 増幅を行う手法として，1988 年に耐熱性 DNA ポリメラーゼを用いた DNA 増幅手法，polymerase chain reaction 法（PCR 法）が発表された [2]．PCR 法は DNA の熱変性，DNA 合成反応の起点となるプライマーのアニーリング，DNA ポリメラーゼによる DNA 鎖の合成からなる 1 サイクルの反応をくり返すことにより増幅する手法であり（図 3），この 1 サイクルの反応を行う間に DNA 量は理論的には 2 倍となる．したがって，サイクル数に対して指数関数的に DNA 量が増加するので，極微量の DNA を高効率で増幅することができる．この PCR 法は増幅サイクルを構成する基本的な反応工程が単純であり，また各工程の収率が高いために，原理的には 1 分子 DNA を鋳型として増幅することが可能である．しかし，PCR 法を極微量 DNA の増幅に単純に適用しただけでは，1,000～10,000 分子程度の鋳型 DNA がないと増幅産物が得られないことが多く，1 分子からの増幅にはさまざまな工夫が必要である [3]．

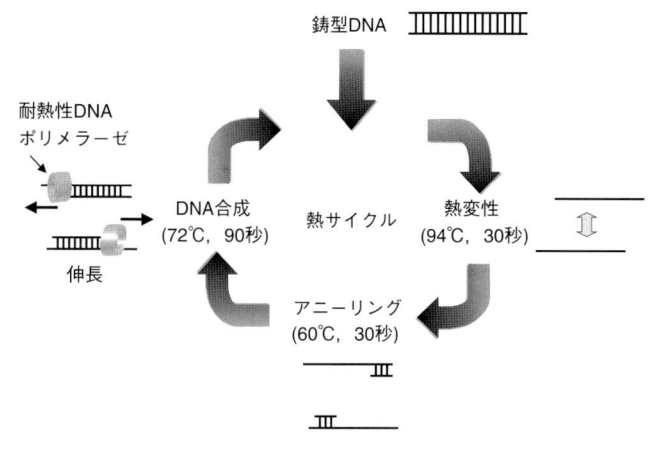

図 3　PCR 増幅の原理

III. DNA の分析法

　DNA に保存されている塩基配列の情報を読み取ることは，そこから作られるタンパク質の種類や機能を予測することにつながり，ある生物のもつすべての DNA の情報を読み解くことをゲノム解析とよぶ．すべての DNA の情報（ゲノム）の量は生物種によってさまざまで，ヒトには先にも述べたとおり，30 億塩基対ある．この膨大なゲノムの解析は世界的なプロジェクトで行われ，ヒトの大まかなゲノムの解析はすでに完了している [4,5]．ゲノムの解析は，細かく断片化した DNA 断片の塩基配列を解読し，その断片情報をつなぎ合わせていく手法がとられている（図 4）．これは，一度に配列決定が可能な DNA 断片の長さが 1,000 塩基以内であるという制限によるものである．

　DNA 断片の配列決定はサンガー法 [6]（図 5）を用いることがほとんどである．この方法は，次の工程で行われる．あらかじめ配列解析対象の DNA 断片を増幅しておく．ここに DNA ポリメラーゼと DNA 合成の基質と，合成開始の足場となるプライマーを加える．このとき，4 種類の基質のうち 1 種類だけ，ジデオキシヌクレオチドを混ぜておくと，ある確率で特定の塩基の場所で DNA

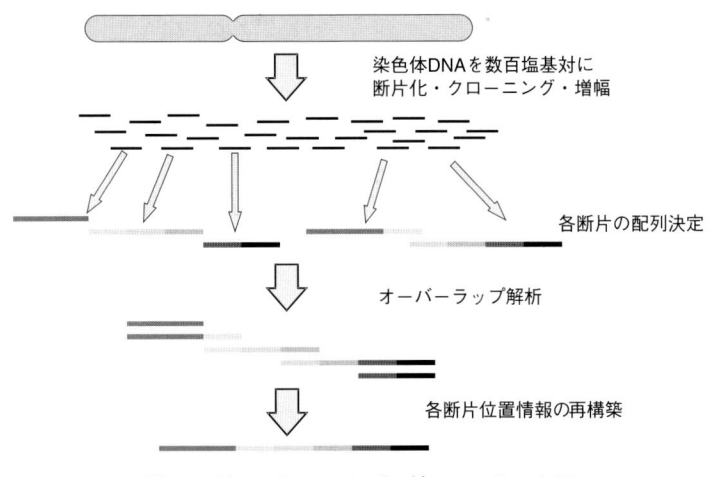

図4 ゲノムショットガン法 ➡口絵4参照

合成が停止する．このとき合成された新生 DNA 鎖の長さは，特定の塩基の位置を反映するため，4 種類の塩基について同じ方法で DNA 合成を行い，電気泳動でふるい分けることによって塩基配列が決定できるというものである．現在では，キャピラリーシーケンサーを用いると，1 台で 100 万塩基程度の解析が 1 日で可能になっている．また，解析された DNA の塩基配列情報は 1,000 塩基程度に断片化しているため，これをつなぎ合わせるために数回同じゲノム DNA を配列解析して，重ね合わせを検索してひとつの大きなゲノム DNA の全長に再構成する必要がある．

　DNA は，単に遺伝情報を保存しておくためのものではなく，それ自身が複製されて娘細胞に分配されたり，情報を RNA に転写してそこからタンパク質を合成したりするなど，重要な生化学反応にも多くかかわっている．DNA の構造や機能を明らかにすることは，単に遺伝情報を読み解くだけではなく，われわれの体の中で実際にどのような化学反応が起こっているのかを知る手がかりになる．またそれを知ることによって，DNA をはじめとする生体分子やその反応を，新たな産業に結びつけることも可能になると考えられる．DNA やタンパク質などに関する研究はこのような点から近年盛んに行われており，とくに 1 分子を対象とした研究はめざましい進歩をとげている．以下に，DNA 分

蛍光標識ジデオキシヌクレオチドによるチェーンターミネーション

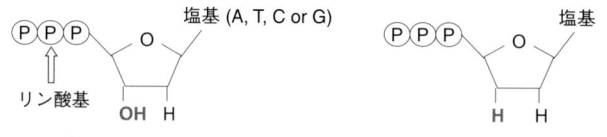

デオキシリボヌクレオチド(dNTP)　　ジデオキシリボヌクレオチド (ddNTP)
　　　　　　　　　　　　　　　　　ジデオキシのため，DNA合成が止まる

・dATP, dTTP, dCTP, dGTP + ddATPが基質としてある場合

```
TAGCTAGCTAGC          TA
ATCGATCGATCG          TAGCTA
配列を調べたい領域     TAGCTAGCTA
```

図5　サンガー法（ジデオキシ法）　➡口絵5参照

子のハンドリングや，1分子反応の可視化などについての例を紹介する．

IV. DNAのハンドリング

1. DNAの伸長固定

　二重らせんDNA（double-stranded DNA；dsDNA）は直径が2 nmの直鎖状高分子で，10.5塩基対でらせんが1回転し，らせん1巻きあたりの長さは3.4 nmであることは先に述べた．このため，DNAは溶液中の渦などによるせん断力で容易に断片化しやすく，長大なDNAを取り扱う際にはそれなりの注意が必要となる．DNAは溶液中で取り扱うことがほとんどであるが，エントロピー力により収縮してしまうため，1分子計測などの研究では何らかの方法で引き伸ばしたり固定したりして実験対象とすることが多い．また，DNAの形態を観察するためには各種顕微鏡が必要となるが，走査プローブ顕微鏡を用いる場合を除いて，標識となる物質をDNAに結合する必要がある．電子顕微鏡で観察する場合は，一般に重金属化合物を用いて標識する．走査プローブ顕微鏡や電子顕微鏡を用いると高分解能の観察が可能となるが，何らかの基板に固定する必要があるので，動的な現象の研究には用いにくい．光学顕微鏡は液中観察が容易なので，動的現象や構造変化などの解析によく使われる．形態そのもの

を観察する場合は，蛍光色素でDNAを染色する必要がある．また，直接DNAを標識せずに，末端のみにプラスチックビーズなどを結合させて，その挙動からDNAの動的変化を推しはかる方法もよく用いられる．

　DNAを伸張するためには溶液の流れなどによる機械的な伸張法と，静電気力による方法とに分けられる．どちらの方法も一長一短があるが，いずれの場合も伸張した状態を保つには力を与え続けるか，伸張した状態で基板などの支持体に固定する必要がある．DNAを含む液滴をガラスなどの基板上で移動させると，DNAの一部が基板に結合し，残りは液滴の移動とともに気液界面に引き出され，その結果，伸張しながら固定させる方法がある [7]．これは気液界面の移動速度や基板表面の状態を制御することで，再現性よくDNAを一定のテンションで伸長固定することができる優れた方法であり，このDNA試料にプローブを結合させることで，特定の塩基配列の物理的な位置を高分解能で調べることができる．また，DNA分子の末端をプラスチックビーズに結合させ，そのビーズをレーザーピンセット [8] やマイクロキャピラリなど [9] で捕捉することで，ビーズの操作を介してDNAの形態を制御することも可能である．またビーズをレーザーで集合させることで，DNA分子を操作することもできる [10]．磁気ビーズを末端に結合させることで，磁場の変化によってDNAの軸方向にねじりを加えるなどして，構造の変化やタンパク質との相互作用の解析も行われている [11]．

　静電気的な伸張には，DNAがもつリン酸基の負電荷を利用したクーロン力による伸張と，高周波電場中にDNAを暴露し，DNA分子と溶媒間に発生する誘電泳動力を用いる方法がある（図6）．前者はDNAの一方の末端を何らかに固定することで，直線的にDNAを伸張することができる [12]．電極，電源も単純であるが，電極反応が生じるので，実験系を乱さないように工夫する必要がある．一方で後者のほうは，DNAがどこにも固定されていなくとも伸張させることができるという特徴があるが [13]，強電界が必要となるため微細な電極の作製や電源を選ぶ必要がある．いずれの電気的な伸張の場合も，溶液中の電解質濃度を極力低くした状態で行うことで，安定した伸長を実現できる．

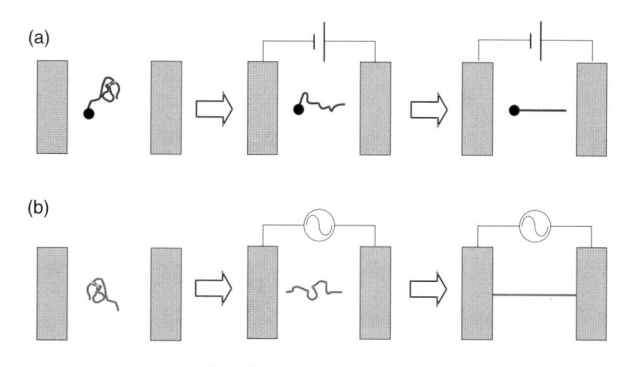

図 6　静電気力による DNA の伸張
(a) 直流電界による伸張．片側末端を何らかの方法で固定しておく必要がある．(b) 交流電界による伸張．分極した DNA が配向力と誘電泳動力で伸張される．

2. DNA の相転移操作と細胞からの取り出し

　これらの方法で取り扱える DNA の長さには限界があり，染色体 DNA クラスの巨大なものになると，断片化を抑えるためのさらなる工夫が必要となる．DNA はある種の溶液の中に存在するときに，通常のひも状（ランダムコイル構造）ではなく，コンパクトに凝縮した状態（グロビュール構造 [14]）をとることが知られている（図7）．この構造変化のメカニズムとしては，DNA のもつ負電荷を打ち消す効果のある陽イオンが DNA の水和水の減少を促すアルコールや高濃度の高分子（ポリエチレングリコールなど）と協同していると考えられている．また，これらのグロビュール相転移誘導試薬を溶液系から排除する（または濃度を低下させる）ことにより，ランダムコイルへの相転移も可逆的に行うことができることが知られている．グロビュール構造の DNA は電荷をほぼ失いながら高密度に凝縮しているのでせん断力に強く，長大な DNA を断片化なく扱うためには有効である．

　ゲノムサイズの DNA を断片化なく細胞から溶液中に取り出すには，グロビュール相転移をさせることが有効であるが，従来のゲル中で調製した DNA をゲル中で相転移させるとゲル分子と絡まりやすく，またゲル外に取り出してから相転移を行うと，溶液の交換時に生じる対流などで相転移する前に断片化してしまう．これを防ぐ方法としては，DNA を溶液中に取り出しながら，同

```
ランダムコイル DNA

グロビュール相転移誘導物質
- ポリエチレングリコール (PEG) + 陽イオン
- アルコール
- ポリアミン
- 陽イオン性界面活性剤
```

バッファー交換

応力

・高密度に凝縮
・電荷がほぼ消失
・逆相転移可能

グロビュール DNA

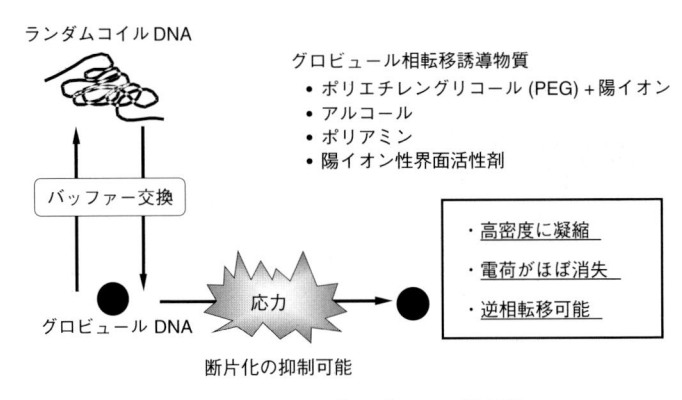

断片化の抑制可能

図7　DNAのグロビュール相転移

時にグロビュール相転移を行う方法が考えられる [15]．アガロースゲル中に閉じ込めた酵母細胞を処理して染色体 DNA をむき出しの状態にし，電気泳動でゲル外に抽出する．このとき DNA は陽極側に移動するので，ゲルと陽極の間をポリエチレングリコール溶液で満たしておく．DNA はゲルからこのポリエチレングリコール溶液中に移動してくるわけであるが，陽極にイオン化傾向の大きい金属を用いることで，陽極から陽イオンも供給される．このとき DNA はポリエチレングリコール溶液中で陽イオンと出会うため，グロビュール相転移が起こる（図 8c から d にかけて．8c ではぼやけて広がっている DNA の蛍光による各輝点が，8d では相転移により小さく明るくなっている）．このとき，DNA と陽イオンはポリエチレングリコール溶液内を電気泳動で移動しているため，基本的に溶液中に対流は生じない．実際にこのようにして回収された酵母の染色体 DNA は断片化されていないことが確認されている．グロビュール化 DNA のサイズを知るには，蛍光染色してその蛍光強度から判定する方法がある．また，グロビュール化 DNA はレーザーピンセットによる直接操作が可能であり [16]，これらの技術の組合せにより，細胞から回収した染色体 DNA を 1 分子レベルで回収することが期待できる．

3. DNA の観察法

　光学顕微鏡で DNA を可視化するためには，蛍光染色が必要である．多くの

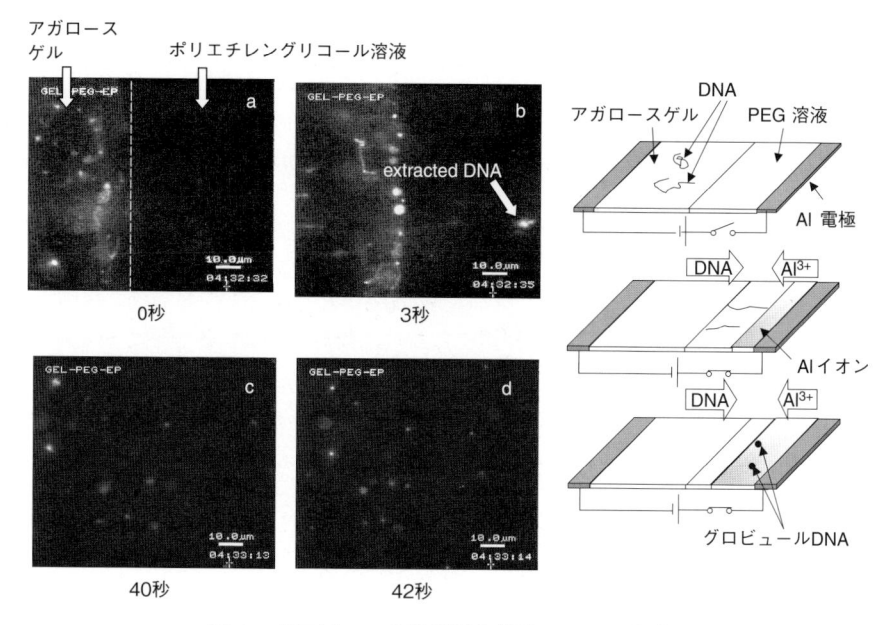

図8 グロビュール相転移を伴うDNAの回収

DNAに結合する色素が市販されているが，グルーヴバインダーとインターカレーターの2つの種類に大きく分けることができる．グルーヴバインダーは，dsDNAの形成する二重らせんの溝に入り込んで結合する．Höechst 33258やDAPIなどが代表的なものである．もう一方のインターカレーターはdsDNAの塩基対間に入り込んで結合する物質である．こちらもエチジウムブロマイドをはじめ多くの種類があるが，DNAの1分子観察にはシアニン系色素などがよく用いられる．インターカレーターは塩基対間に入り込むので，結合によってDNAの塩基対あたりの長さが変化する．蛍光色素で染色したDNAを観察するためには励起光を照射する必要があるが，励起光の照射量が大きいと，蛍光色素が退色したり，DNAが切断されたりする場合がある[17]．これらは励起光の照射をできるかぎり減らすことで影響を低く抑えることが可能であるが，溶液中に含まれる酸素分子を取り除いたり，還元剤を溶液に加えたりしておくことでも低減できる．

このようにdsDNAの染色方法は多くあるが，ssDNA（single-stranded DNA）

の光学的な可視化の方法は確立されていない．上に示した一般的な dsDNA の染色は二重らせんの構造を利用しているため，そのまま ssDNA に適用することはできない．また ssDNA は dsDNA のような物理的な伸張も行いにくく，より切断されやすいことが問題である．この2つの問題を解決する方法として，replication protein A（RPA）を用いて染色と ssDNA の安定化を行う方法がある．RPA は ssDNA に結合する真核生物のタンパク質 [18] で，DNA 複製時にいったんほどかれた複製フォークの1本鎖領域に結合し，また隣り合った RPA タンパク質どうしが互いに相互作用するため，複製時の1本鎖領域を安定化する．この RPA を蛍光染色することで，ssDNA を間接的に蛍光標識し，かつ物理的にも安定化することができる．タンパク質の蛍光標識には，リジン残基と反応する試薬を仲介して蛍光分子とタンパク質を共有結合する方法がよく用いられるが，RPA は DNA に結合するタンパク質であるため，DNA のもつ負電荷を打ち消すために，DNA との結合部位にリジン残基が多い．このため，まず RPA と ssDNA を結合させることによって，DNA との結合活性を保持したまま蛍光染色を行うことが可能である．実際にこのようにして調製された蛍光標識 RPA を用いることで，ssDNA の蛍光観察が可能である．また，蛍光共鳴エネルギー移動（FRET）が可能な2種類の蛍光色素（Alexa 488 および Alexa 546）でそれぞれ染色した RPA を用いて ssDNA を標識した場合には，ssDNA に結合した RPA のみが近接して FRET をおこすため，バックグラウンドを抑えた ssDNA の蛍光観察が可能である（図9）．

V. 1分子反応の観察

　前節までに述べたような DNA 分子の可視化，形態制御法が確立することにより，DNA とタンパク質の相互作用を1分子レベルで直接観察することが可能になる．この技術を用いることにより，平均値ではない個々の分子の状況を計測できるようになることが期待され，とりわけ1分子レベルでの転写・複製反応の動態の解析などの分野で新しい知見が得られるものと期待される．
　このような DNA を基質とした酵素反応の1分子観察の典型的な例として，λ エキソヌクレアーゼによる DNA 分解反応の解析例を紹介したい [12]．λ エキ

(a) 概念図

ssDNA の図（Alexa 488 と Alexa 546 が交互に配置）

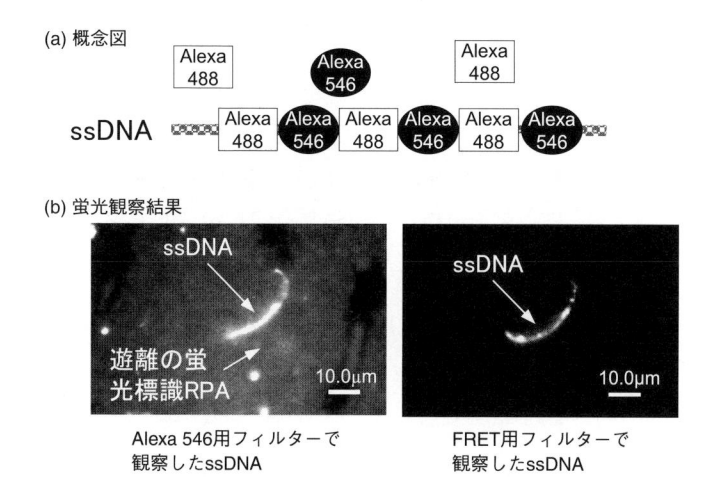

(b) 蛍光観察結果

図9 蛍光標識 RPA の FRET を利用した ssDNA 可視化法

ソヌクレアーゼはバクテリオファージλがコードする DNA 分解酵素であり，ファージの DNA 組換えおよび修復に関与することが知られている [19, 20]．この酵素はマグネシウムイオン存在下で 5′ リン酸基の末端側から 5′ → 3′ 方向に 2 本鎖 DNA を分解し，5′ モノデオキシリボヌクレオチドを遊離させる活性をもっている [6]．また，この酵素はドーナッツ型のホモ 3 量体の構造をとっており [21]，その中心の孔を DNA 分子が通っているために，一度反応を開始したら，比較的長い時間，酵素が作用し続けると考えられる．このような性質をもつ酵素では，反応生成物としては酵素によりほぼ完全に分解された基質 DNA と酵素が未作用のために，まったく分解されない基質 DNA との混合物となると考えられる．このような性質の酵素に対して，遊離してきたヌクレオチド量を用いて酵素の活性を評価した場合には，これらまったく異なる生成物の平均値として分解量が得られるだけであって，酵素が作用した DNA 分子における分解速度とはまったく異なるものとなることが予想された．

そこで，片端を固定し，2 本鎖 DNA 特異的蛍光色素である YOYO-1 により染色した 1 分子のλファージ DNA（大腸菌に感染するλファージの DNA．48,502bp）を直流電界中で伸長させ，λエキソヌクレアーゼによって分解する DNA 鎖を蛍光顕微鏡により観察した．その結果を図 10 に示す．分解した DNA

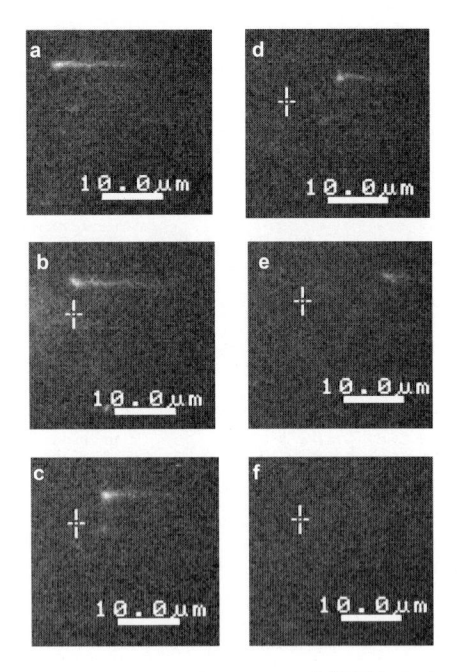

図 10 λ エキソヌクレアーゼによる DNA 分解反応のリアルタイム観察
(a) DNA 鎖長測定開始前の蛍光像．測定開始後 0 秒 (b)，10 秒 (c)，30 秒 (d)，40 秒 (e)，50 秒 (f) の蛍光像．

鎖の部分では YOYO-1 が遊離していくために，その部分の蛍光は消失することとなる．そして，この実験系では反応開始を制御するために活性に必須なマグネシウムイオンを加えずに反応試料を調製し，マグネシウムイオン溶液をカバーガラスの隙間から拡散させることにより反応を開始させた．

反応開始前には直流電界中で λDNA の全長（16.5 μm）に近い長さまで直線的に伸長していた DNA 分子（図 10a）は，時間の経過とともにその蛍光染色されていた DNA 鎖が短くなる過程が観測された．その結果，40 秒後には 10 μm 程度の DNA 鎖の分解が認められた（図 10e）．

他の DNA 分子を対象とした分解反応の観測結果もあわせて，DNA 鎖長と反応時間の関係をまとめた結果を図 11 に示す．ここで，図 10 の解析結果は黒丸で表し，その他の DNA 分子を対象とした分解反応の観測結果を白丸で表す．

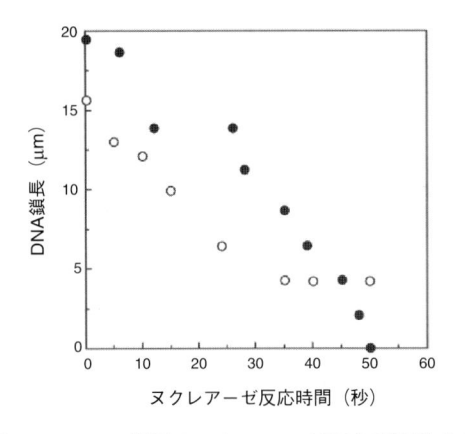

図11 DNA鎖長のヌクレアーゼ反応時間依存性
●：図10の解析結果，○：その他のDNA分子を対象とした分解反応の解析結果．

どちらのDNAの場合も時間に比例してDNA鎖が分解されており，λエキソヌクレアーゼによるDNAの分解速度は約 1,000 nt/sec（nt/sec：1秒あたりの塩基の分解長）であることが示された．これは従来の試験管内実験系においてヌクレオチドの遊離量から求められた分解速度（>10 nt/sec）[19] と比べるときわめて速い速度である．また興味深いことに，白丸で示したDNA分子の場合には，DNAの分解反応が途中で停止したまま再び分解されることはなかった．この原因としては，2本鎖DNA上のニックにより生じた末端がλエキソヌクレアーゼによる分解活性が低い可能性，あるいは酵素が解離した可能性が推察される．以上の結果より，λエキソヌクレアーゼの分解反応はDNAへの結合の過程が律速段階であり，いったんDNAに結合すると時間に比例したDNA分解を行うため，一度に数千塩基を分解する高い能力をもつことが明瞭に示された．

また，エキソヌクレアーゼⅢについても，分解速度の1分子解析が行われている．その結果も，電気泳動により解析された平均の分解速度より1分子レベルで解析された分解速度のほうが大きいことを示している．その理由として，顕微鏡下での1分子DNAの伸張，すなわち形態変化も酵素反応に影響していることが考えられ，現在，検討が行われている．

VI. DNA の分子加工

　DNA の伸張操作が可能になると，その DNA を対象とした切断・断片回収・増幅などのさまざまな操作が可能になると期待される．これらの操作が実現すると，DNA 1 分子の末端から位置情報を保持したまま DNA 断片を回収することが可能になるので，回収した DNA 断片の塩基配列を解析し，塩基配列を回収の順序に並べることにより全塩基配列を決定できると考えられる（図 12）．その結果，現在の解析技術で必要な DNA 断片の順序情報の推定作業はまったく不要となり，巨大なゲノム DNA の配列を解析するのに必要な時間は大幅に短縮されると期待される．また，蛍光顕微鏡視野内で確定された特定のマーカー近傍のみの DNA 断片を回収・解析することが可能になるので，ゲノム解析のみならず，DNA-タンパク質相互作用の解析にも貢献することが期待される．

　そのための要素技術として，これまでに DNA 分子の切断技術が開発されてきたので紹介したい．DNA 1 分子上の任意の位置で切断する操作を行う方法と

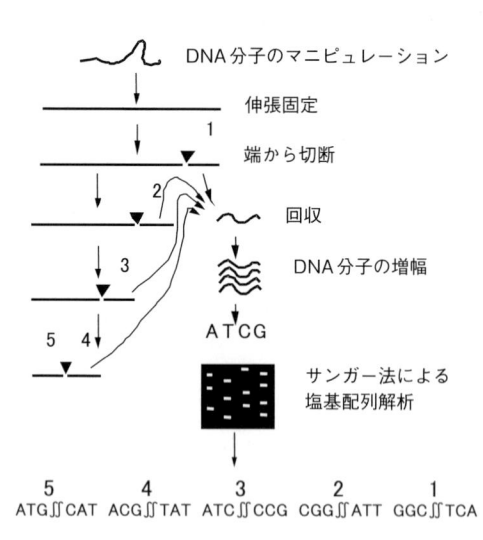

図 12　DNA マニピュレーションを利用したゲノム解析
ゲノム DNA の末端から調製した DNA 断片の塩基配列を解析し，塩基配列を回収の順序に並べることにより，全塩基配列を決定できる．

して，伸長・固定された DNA 分子を紫外線により切断する方法が古くから開発されている [22]．しかし，紫外線レーザーによる切断は DNA への損傷が考えられるため，その後，さまざまな生化学反応と組み合わせることは困難である．分子生物学においては，分子の切断には特定の塩基配列を認識し，その位置で切断する制限酵素が用いられることが多い．この制限酵素を用いた場合には，生物学的に活性をもつ末端が生成されるために，その後，さまざまな生化学反応操作が可能であるが，単純に制限酵素反応を行っただけではすべての認識部位が切断されてしまい，切断位置の制御はできない．制限酵素の活性化には，適切な反応温度およびマグネシウムイオンの存在が必須である．そこで，電気化学的な手法により，マグネシウムイオン濃度を局所的に上昇させることにより，制限酵素反応を局在化させ，DNA の切断加工に応用することが試みられた [23]．先端の曲率半径を約 $5\,\mu m$ に加工された針電極に正極性 2V の直流電圧を印加することにより，針先端近傍のみでマグネシウムイオン濃度が上昇し，その結果，先端近傍のみの制限酵素活性が上昇した．その局所化された制限酵素活性により DNA 分子が切断された様子を（図 13）に示す．また，逆に負極性 2V の直流電圧を印加することにより，マグネシウムイオンの針電極か

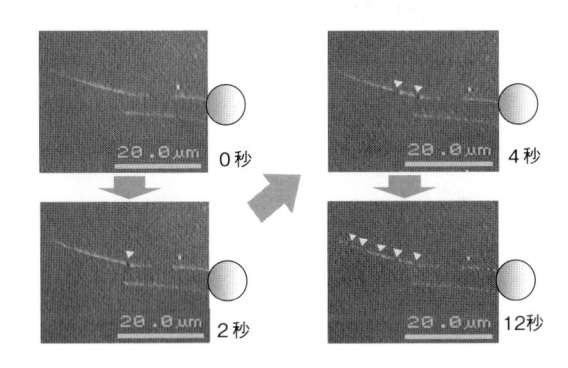

●：マグネシウム針の固定位置　▽：制限酵素で切断されたサイト

図 13　制限酵素の局所的な活性化による DNA 分子の切断
マグネシウム針電極に正極性 2V の直流電圧を印加することにより局所的にマグネシウムイオンが供給され，制限酵素が活性化される．三角形は局所化された制限酵素活性により切断された位置を示す．各図右側の時間は顕微鏡視野内に入ってきてからの時間．

らの遊離を抑制することができる．このように，マグネシウムイオンの局所供給を用いた実験系によって，ある程度任意の位置で DNA 分子を切断することが可能である．今後，1 分子解析においてサブミクロン領域に化学反応場を局在化する技術は重要になってくるものと思われる．この技術はほかの制限酵素にも容易に適用できるために，広範囲に応用できると期待できる．

また，ほかの DNA を局所的に切断する技術としては，制限酵素をビーズに結合させ，それを DNA に押しつけて切断する方法 [24] や，DNA の片端を固定した DNA アレイ上から AFM チップを押しつけて引きずるようにして機械的に切断して回収した例 [25] なども報告されている．

文献

[1] Sambrook, J., Fritsch, E. F., Maniatis, T.: Molecular Cloning, Chap.1, Cold Spring Harbor Laboratory Press (1989)

[2] Saiki, R. K., Gelfand, D. H., Stoffel, S., Scahrf, S. J., Higuchi, R., Horn, G. T., Mullis, K. B., Erlich, H. A.: *Science*, **239**, 487 (1988)

[3] 桂 進司：DNA 分子操作技術の応用と増幅技術，Vol.28, No.2, p.108 (2004)

[4] International Human Genome Sequencing Consortium：*Nature*, **409**, 860 (2001)

[5] Ventor, J. C. *et al.*: *Science*, **291**, 1304 (2001)

[6] Sanger, F., Nicklen, S., Coulson, A. R.: *Proc. Natl. Acad. Sci. USA*, **74**, 5463 (1977)

[7] Bensimon, A., Simon, A., Chiffaudel, A., Croquette, V., Heslot, F., Bensimon, D.: *Science*, **265**, 2096 (1994)

[8] Arai, Y., Yasuda, R., Akashi, K., Harada, Y., Miyata, H., Kinosita, K. Jr.: *Nature*, **399**, 446 (1999)

[9] Bennink, M. L., Schärer, O. D., Kanaar, R., Sakata-Sogawa, K., Schins, J. M., Kanger, J. S., de Grooth, B. G., Greve, J.: *Cytometry*, **36**, 200 (1999)

[10] Hirano, K., Baba, Y., Matsuzawa, Y., Mizuno, A.: *Applied Physics Letters*, **80**, 515-517 (2002)

[11] Strick, T. R., Croquette, V., Bensimon, D.: *Nature*, **404**, 901 (2000)

[12] Matuura, S., Komatsu, J., Hirano, K., Yasuda, H., Takashima, K., Katsura, S., Mizuno, A.: *Nucleic Acids Res.*, **29**, e79 (2001)

[13] Kabata, H., Kurosawa, O., Arai, I., Washizu, M., Margarson, S. A., Glass, R.

[14] Minagawa, K., Matsuzawa, Y., Yoshikawa, K., Hokhlov, A. R., Doi, M.: *Biopolymers*, **34**, 555 (1994)
[15] Komatsu, J., Nakano, M., Kurita, H., Takashima, K., Katsura, S., Mizuno, A.: *Electrophoresis*, **26**, 4296 (2005)
[16] Katsura, S., Hirano, K., Matsuzawa, Y., Yoshikawa, K., Mizuno, A.: *Nucleic Acids Res.*, **26**, 4943 (1998)
[17] Åkerman, B., Tuite, E.: *Nucleic Acids Res.*, **24**, 1080 (1996)
[18] Henricksen, L. A., Umbricht, C. B., Wold, M. S.: *J. Biol. Chem.*, **269**, 11121 (1994)
[19] Little, J. W. *et al.*: *J. Biol. Chem.*, **242**, 672-678 (1967)
[20] Little, J. W.: *J. Biol. Chem.*, **242**, 679-686 (1967)
[21] Kovall, R., Matthews, B. W.: *Proc. Natl. Acad. Sci. USA*, **95**, 7893-7897 (1998)
[22] Mizuno, A., Nishioka, M., Tanizoe, T., Katsura, S.: *IEEE Trans. Ind. Appl.*, **31**, 1452 (1995)
[23] Katsura, S., Harada, N., Maeda, Y., Komatsu, J., Matsuura, S., Takashima, K., Mizuno, A.: *J. Biosci. Bioeng.*, **98** (4), 293-297 (2004)
[24] 鷲津正夫・山本貴富喜・黒澤 修・鈴木誠一・嶋本伸雄：電気学会論文誌，E 分冊，**116E**, 196 (1996)
[25] 黒澤 修・岡部敬一郎・山崎久人・石田亘広・加畑博幸・嶋本伸雄・鷲津正夫：静電気学会講演論文集 '98, p.323, 静電気学会 (1998)

Chapter 7

生体材料 II

DNAチップ，遺伝子診断技術

内田勝美・長崎幸夫

● はじめに

　DNA は，4種類の核酸塩基［チミン（T），シトシン（C），アデニン（A），グアニン（G）］をもつデオキシリボースが，リン酸ジエステル結合を介して直鎖状に並んだ高分子化合物である．近年，この塩基配列の違いによって，体質，病気のなりやすさ，薬剤感受性（薬の効き具合）などが異なることが解明されてきた．こうした塩基配列の違いは多型とよばれ，くり返し塩基配列の反復数の違い（マイクロサテライト），塩基の挿入・欠失，1塩基多型（single nucleotide polymorphism；SNP）[*1]などがある．1塩基多型とは，個人間における1塩基の違いであり，多型の大半はこの1塩基多型である．よって，1塩基多型を検査・判別することで，病因遺伝子の発見による予防医学や個々人の薬剤感受性に応じた薬剤の最適な処方が可能となることから，1塩基多型を簡便に正確に判別する方法を確立することが今後重要となってくる．

　本章では，DNAチップや，現在，研究・開発が進められている1塩基多型の検出技術について紹介する．とくに，診断の高性能化をめざすため，DNA どうしの反応場である固-液界面の環境をどのように制御すればよいのか，その課題に対する取組みについて，筆者らの研究も含めて紹介する．

I. DNAチップ：DNAの基板への固定化法

1. DNAチップ

　DNAチップとは，支持体（基板）上にDNAを固定化し，固定化されたDNA（プローブ）と特異的に結合するDNA（ターゲット）を検出する技術である．核酸塩基はA-T，C-G間で水素結合を形成することから，ある塩基配列を有するDNAとその塩基と対をなす塩基を配列したDNAは二重らせん構造をとって結合する．これがハイブリダイゼーションである．DNAチップとは検出部を微細化・集積化（いわゆるチップ化）することで，プローブとターゲットとの相互作用を大量かつ同時並行的に行うことが可能となり，ハイスループットな検出/解析が期待されている．

　現在，DNAチップには基板表面上に塩基配列数の少ないDNA，つまりオリゴヌクレオチドを結合させた1塩基多型検出用チップ，基板表面にORF[*2]もしくはcDNA[*3]が固定化された発現解析用チップなどが開発されている．DNAチップの作製法としては，オリゴヌクレオチドを基板上で合成する方法と，cDNAあるいは合成ヌクレオチドを基板上に固定化する方法とがある．前者は，Affymetrix社が開発した方法であり，シリコン基板上に光反応性保護基を有するヘテロリンカーを共有結合させる．フォトリソグラフィー技術を用いて，光照射部分のみを脱保護して，その部分に同じく光反応性保護基を有するヌクレオチドを結合させる．この操作をくり返すことによって，オリゴDNAを基板上で合成する [1,2]．一方，後者は，Stanford大学で開発された方法であり，ガラスなどの非多孔性基板の上に，プラスミドDNA（環状DNA）やPCR[*4]増幅

[*1] 1塩基多型：個人間における1塩基の違いを意味する．現在，ヒトSNPに関するデータはインターネット上で公開されている．たとえば，日本人のヒトゲノム多型に関しては，JSNPデータベースとしてまとめられている（http://snp.ims.u-tokyo.ac.jp/index_ja.html）．

[*2] ORF：open reading frameの略．タンパク質に翻訳される部分のDNAまたはRNAをさす．

[*3] cDNA：メッセンジャーRNA（mRNA）から逆転写酵素によって合成されたDNAを意味する．cはcomplementary，つまり相補的であるという意味である．

されたDNA断片の溶液を，縮小ピンを用いてスポッティングし基板上に吸着させる[3]．スポッティング型の場合，DNAの固定化は物理的吸着あるいは共有結合によって行う．

2. 吸着によるDNAの基板への固定化

吸着法の場合，基板上にカチオン性の官能基や高分子を吸着させることによって，負電荷を有するDNAと静電的相互作用をし，DNAを基板上に吸着させる[3]（図1）．オリゴヌクレオチド鎖が長くなれば，DNAが有する負電荷量が多くなるため，基板上に吸着させたカチオン性分子と静電的相互作用が強固になる．そのため，効率よく基板上にDNAを吸着させることができる．しかし，DNA診断を行う際に，調べるDNAの長さが長くなるにつれて，同じく基板表面に吸着したカチオン性分子との静電的相互作用により，相補性を有さないDNAの基板表面への吸着，つまり非特異的なDNAの吸着量も増加する．よって，1塩基の差を見分けるのはむずかしくなる．そのため，短鎖DNAを用いることが必要である．しかし，短鎖DNA（20〜30塩基）の場合，基板上での静電的相互作用が弱く，DNAの固定化率が低くなってしまう．また，固定化率が低いために基板自体の露出面積が増え，DNA診断をする際に，その部分にDNAが非特異的に吸着してしまうなどの欠点がある．吸着法は，静電的相互作用を利用しているため，溶液の塩濃度の影響を受けやすく，基板表面からのDNAの剥離という問題も考えられる．

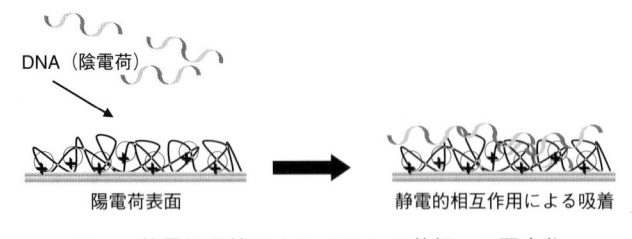

図1 静電的吸着によるDNAの基板への固定化

---

*4 **PCR**：polymerase chain reactionの略．DNAポリメラーゼによって連鎖反応的にDNAを増幅する方法である．

3. 共有結合によるDNAの基板への固定化

　吸着法には以上のような問題点があるため，共有結合的に基板表面へ固定化する方法も考えられている．基板表面への結合サイトおよびDNAとの結合サイトを有する，両末端に異なる官能基を有するヘテロリンカー分子を介して，基板表面に固定化する方法である（図2）．たとえば，ガラスやシリコン基板などでは，シランカップリング剤[*5]を利用して，表面に対してアミノ基，カルボキシル基，ビニル基などを導入し，アミノ基，チオール基などを末端修飾したオリゴDNAと共有結合させ，DNAを基板に固定化する．一方，基板表面が金や銀などの貴金属表面，種々の半導体，金属酸化物表面（Ta_2O_5，TiO_2など）などの場合，これらの表面の結合部位として，チオール基，ジスルフィド基などが考えられる．よって，チオール基を修飾したDNAを用いれば，金基板表面などに，リンカー分子なしで直接結合することができる．また，アルキルチオール類をヘテロリンカーとして利用する方法もある．アルキルチオールは金などの貴金属類と共有結合的に結合し，アルキル鎖どうしの疎水性相互作用によって，配向性の高い，高密度な自己組織化単分子層（self-assembled monolayer；SAM）を形成する [4,5]．アミノ基やカルボキシル基などの官能基を有するアルキルチオールを用いることによって，基板表面に官能基を導入でき，末端修飾したプローブDNAを表面に結合することが可能である．基板の種類を問わ

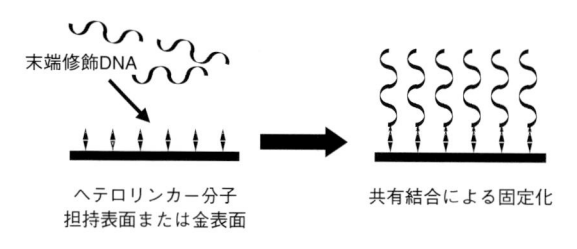

図2　共有結合によるDNAの基板への固定化

[*5] シランカップリング剤：シランカップリング剤は，有機物とケイ素から構成される化合物であり，通常では非常に結びつきにくい有機材料と無機材料とを結ぶ仲介役としてのはたらきをする．ガラスやシリコン基板などの表面に対してアミノ基，カルボキシル基，ビニル基などを導入する際に利用する．

ず，その他の方法として，アビジンを基板表面に固定化し，ビオチン修飾[*6]した DNA を基板に結合させる方法もある．

II．DNAチップ：高感度化のための固-液界面の設計

1．ハイブリダイゼーションの検出法と固-液界面の設計

　DNA チップとは，支持体（基板）上に DNA を固定化し，固定化されたプローブ DNA とハイブリダイゼーションするターゲット DNA を検出する技術である．現在，さまざまなハイブリダイゼーションの検出方法が検討されているが，ハイブリダイゼーションしたことによるシグナル変化を検出する装置（ハード）によってその方法は異なる．現在，一般的に行われている方法は，蛍光スキャナー装置を使うことによって，蛍光物質を付けたターゲット DNA がハイブリダイゼーションしたプローブ DNA を読み取る方法である（図3）．その他の方法としては，水晶発振子マイクロバランス法（quarts crystal microbalance；QCM)[*7]，表面プラズモン共鳴法[*8]（surface plasmon resonance；SPR）などがある．これらの方法は蛍光物質などの標識をつける必要がなく，リアルタイムで結合挙動を観察できることから，反応速度論的な解析ができるといった利点もある．また別の方法として，2本鎖 DNA を形成した部分に特異的にインターカレートする挿入剤を電気化学的に検出することで，特異的な DNA を検出する方法もある．

[*6] ビオチン-アビジン結合：アビジンはビオチンに対して4つの結合部位を有しており，アビジン-ビオチン複合体はきわめて安定（解離定数は 10^{-15} M）である．このため，タンパク質などの表面固定化の際によく使われる．アビジンを基板表面に固定化し，ビオチン化したタンパク質を基板表面上に接触させ，タンパク質を表面に固定化する．アビジンの等電点は約10.5であり，静電的相互作用の影響があるため，最近では中性付近に等電点を有するストレプトアビジンがよく使われている．

[*7] 水晶発振子マイクロバランス法：水晶振動子の電極表面に物質が付着すると，その質量に応じて共振周波数が変動する．その性質を利用して極微量の質量変化を計測する方法である．

[*8] 表面プラズモン共鳴法：金基板表面に物質が付着することによる，基板近傍での溶液の屈折率変化を検出する方法である．極微量の吸着量でも計測可能である．

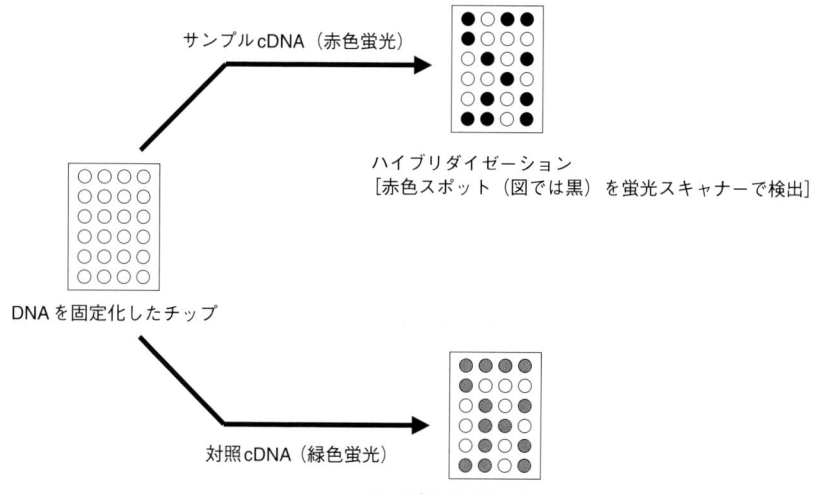

図3 蛍光スキャナーによるハイブリダイゼーション検出

たとえば，癌細胞の中ではたらいている遺伝子のコピーに赤く光る蛍光物質を付ける．また，正常細胞の中ではたらいている遺伝子のコピーに緑に光る蛍光物質を付ける．チップ基板上にヒトの遺伝子を何種類も固定化し，蛍光物質を付けた遺伝子をチップ基板に接触させ，ハイブリダイゼーションする遺伝子を蛍光スキャナーによって検出する．光っている色によって（赤，緑，赤緑混合），癌細胞のみにはたらいているのか，正常細胞のみにはたらいているのか，またはどちらの細胞にもはたらいているのかを診断する．

　いずれの方法においても，相補性のDNA分子だけを基板表面上のプローブDNAと結合させ，そうでないDNA分子の基板への吸着（非特異的吸着）をいかに抑制するかが，高感度検出のカギである（挿入剤を使っての検出においては，挿入剤の基板への非特異的な吸着の抑制がキーポイントである）．そこで，基板表面処理を行うことによってDNAハイブリダイゼーションが生起する固-液界面の制御を行い，検出感度の高感度化をめざす研究が行われている．以下に具体例を示す．

2. SAMの利用

　SAMはアルキル鎖どうしの疎水性相互作用によるパッキング効果で，密な単分子膜を生起する．これにより，基板自体の露出面積を抑えることが可能で

ある．竹中らは金電極基板上にチオール基を修飾したオリゴDNAを固定化し，その後，基板表面の隙間を2-メルカプトエタノールで被覆した表面を作製している [6]．彼らは，2本鎖DNAを形成した部分に特異的にインターカレートする挿入剤を電気化学的に検出することで，ターゲットDNAを検出する．基板表面上に隙間が存在すると，その部分に対して挿入剤が非特異的に吸着してしまうことから，基板の露出部分をなくすために，2-メルカプトエタノールを用いている．またWhitesidesらは，エチレングリコールオリゴマーを末端に有するアルカンチオールと，カルボキシル基を有するアルカンチオールとを混合したSAM表面を作製している [7]．カルボキシル基でプローブ分子を固定化し，その隙間には，親水性のエチレングリコールを配置させることで，ターゲット分子はプローブ分子と結合するが，他の分子はエチレングリコールの存在により，基板表面への非特異的な吸着を抑制させる．

チオール基を有する分子は金などの貴金属表面に対して容易に結合する．しかし，分子量が非常に小さいチオール化合物（たとえば2-メルカプトエタノール）が存在すると，その分子と交換反応を起こし，基板表面に結合していた分子量の大きいチオール化合物が脱離することが知られている [8]．このことから，基板の露出部分への穴埋めに対して，分子量の小さいチオール修飾物を利用する際，この交換反応に気をつける必要がある．なぜなら，プローブ分子を定量的に表面に導入することがむずかしくなるからである．

この交換反応を逆手にとって，プローブDNAの配向性を上げる研究も行なわれている．Satijaらは，メルカプト基を有するアルキル鎖（$n=6$）を結合したプローブDNAを金表面に固定化し，その後にメルカプトヘキサノール（$HS\text{-}(CH_2)_6\text{-}OH$）を固定化させることにより，基板表面に対して"寝た構造"をとらないプローブDNAの設計が可能となり，ハイブリダイゼーション効率が高まることを述べている [9]．プローブDNAを金表面に固定化した時点では，DNAが基板上に"寝た構造"をとっているものが存在する．そこで，メルカプトヘキサノールを添加することで，金表面に結合していたプローブDNAは，ある程度は脱離をしてメルカプトヘキサノールと入れ替わる（交換反応）．メルカプトヘキサノールは自己組織化によりパッキング効果から高密度な表面を作る．その際，金表面に残ったプローブDNAはSAMのパッキング効果により半

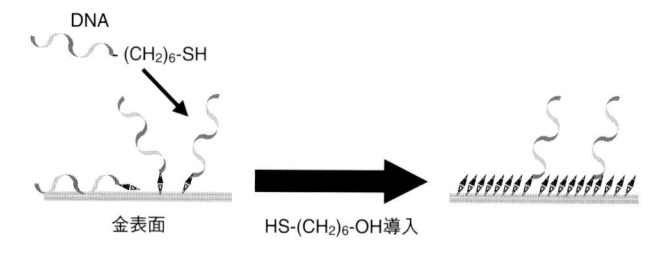

図 4　SAM によるプローブ DNA の配向性制御

ば強制的に "寝た構造" から "立った構造" へと変わる．DNA の表面への修飾率は低下するが，この "立った構造" をとることにより，標的 DNA に対するハイブリダイゼーション効率は高くなる（図 4）．ちなみに，このプローブ DNA の表面上での構造確認は中性子反射率測定法（neutron reflectivity）によって行われている．中性子は物質の表面にあたると反射する性質を有することから，層の厚みや表面の粗さなどの情報を得ることができる．この方法により，DNA 層の厚みの変化を解析することで，"寝た構造" や "立った構造" などの判断をしている．

3. ポリマーの利用

親水性のポリマーを基板表面に固定化することで，DNA などの生体成分の非特異的吸着を抑制する方法もある．しかし，特異的な相互作用を検出するためには，プローブ分子を基板表面に固定化しなければならず，そのための結合部位（官能基など）をポリマーに対して導入しなければならない．

A. カルボキシメチルデキストラン

SPR 測定用の基板チップとして，ポリマー側鎖にカルボキシル基を導入した親水性高分子のデキストランをチップ基板表面に固定化する方法がある [10]．金表面に SAM 分子を固定化し，その上に厚み 100 nm ほどのカルボキシル基を有するデキストラン層を形成させる．表面への固定化はおもに，デキストラン層中のカルボキシル基を活性化させ，プローブ分子のアミノ基とカップリングさせることで行う．その際，プローブ分子溶液の pH をコントロールするこ

とで，デキストラン層とプローブ分子との静電的相互作用を生起させ，プローブ分子を基板に濃縮させる．これにより，プローブ分子の固定化率を上げる．DNA の場合，DNA 末端にアミノ基が導入されたアミノ化 DNA やビオチン化 DNA を用いてプローブ DNA を固定化させる．

B. ポリエチレングリコールとカチオン性高分子とのグラフトコポリマー

　Textor らは，親水性ポリマーであるポリエチレングリコール（PEG）とカチオン性ポリマーである poly-L-lysine（PLL）のグラフトポリマー[*9]をアニオン性の基板表面（たとえば酸化ニオビウム表面）に静電的相互作用により吸着させた表面を作製している [11]．PEG 鎖末端に官能基を導入しているため，ポリマー鎖へのプローブ分子の固定化も可能である．彼らは，PEG-g-PLL ポリマーの PEG 成分と PLL 成分の組成比をいろいろと変えたグラフトコポリマーを用いて基板表面を修飾し，その表面にプローブ DNA を静電的相互作用により吸着させている．そして，ポリマーの組成比とプローブ DNA 吸着量およびターゲット DNA 結合量との相関性を検討している [12]．PEG 成分の割合が高い表面においては，表面に対する PEG 鎖密度が大きく，プローブ DNA の吸着量は少ない．一方，PLL の割合が高くなるにつれて，PEG 鎖密度が減少し，プローブ DNA の吸着量は大きくなる．この表面におけるハイブリダイゼーションによるシグナル強度は，プローブ DNA の吸着量が増えるにつれて増加する．しかし，ある程度のところで頭打ちになり，プローブ DNA の吸着量をさらに増加させるとシグナルはかえって減少してしまう．つまり，プローブ DNA の表面密度が多すぎてもハイブリダイゼーションはしにくくなるということである．また，非特異的な吸着は PLL の割合が高くなるにつれて大きくなる．S/N 比を高くすることを考えると，S は増加させるが，N は減少または現状維持か，S の増加分よりも少ない増加にしなければならず，この場合も最適なプローブ DNA の固定化密度を見つける必要がある．

　筆者らは，ポリエチレングリコール/ポリカチオンブロック共重合体を利用し

[*9] グラフトポリマー：分岐構造をとった高分子であり，主鎖成分の側鎖部分に高分子鎖が結合したものである．

たDNAセンシングのための表面設計を進めている．リビング重合法で合成した分子量の整ったポリエチレングリコール-b-ポリ[メタクリル酸2-N,N-(ジメチルアミノエチル)] (PEG/PAMA)を用いて，PEGブラシ表面を構築する[13]．上述したようにポリカチオンは酸化物表面へ吸着するだけでなく，金表面に対しても安定に吸着する[14]．これは金表面がイオンの吸着などにより負に帯電しているとともに[15]，金とアミノ基の結合（Au-N結合）が6 kcal/mol程度あるため，アミノ基を複数有するポリマーの吸着が可能となるのである．ここで，相分離の観点から，グラフトポリマーに比べてブロックポリマー[*10]を用いるほうが金表面に対する吸着能は高いと考えられる．実際に，PEG/PAMA (5k/5k)（かっこ内は両セグメントの分子量を示す．5k：分子量5,000）を金表面に固定化した際，2 MのNaCl水溶液で洗浄してもポリマーが表面から脱着することはなかったことからも，そういえる．PEG/PAMAのポリカチオンの分子量と固定化密度の関係を調べたところ，アミノ基数が増加するごとにPEGブラシ密度が低下した．これはポリカチオンセグメントの増加に伴い，その表面でのポリマーの専有面積が増加するためと考えられる．このようにポリカチオンセグメントの鎖長によってPEGブラシの密度を制御できるため，基板最表面にポリカチオンを有し，制御されたPEG鎖密度を有する基板表面を容易に構築することが可能である．

図5に示すように，このような表面では最表面のカチオン電荷によってポリアニオンであるオリゴ核酸が静電的に引き寄せられるだけでなく，制御されたPEGブラシによってオリゴ核酸が表面に倒れることを防ぐ効果もある．また，金表面を利用しているため，利用するオリゴ核酸末端にメルカプト基を導入することにより共有結合的に強固に表面に結合することができる．実際，このようにして構築したPEG/DNA共固定ブラシ表面は，複合化により高密度化したブラシにより非特異的吸着を抑制し，起立したコンフォメーションを有するDNAによって高いセンシング能を有する．SPR測定により，金表面に固定したDNA表面に対するターゲットDNAのハイブリダイゼーション能に比べて

[*10] ブロックポリマー：異なる種類の高分子鎖を化学結合で結合させたものであり，ブロック共重合体ともいう．たとえば，A成分からなる高分子鎖とB成分からなる高分子鎖が化学結合により1つにつながったものである．

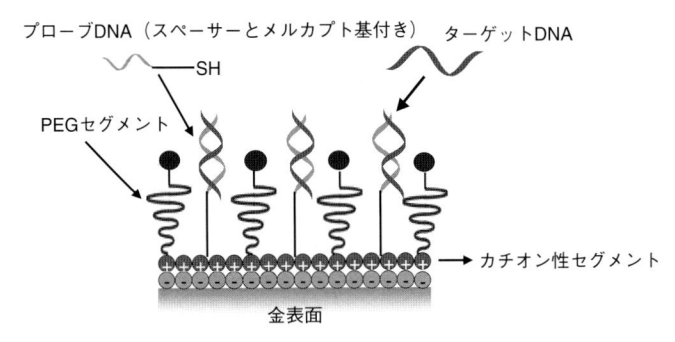

図 5 PEG/ポリカチオンブロックコポリマーとDNAの共固定化表面

PEG/ポリカチオンブロックコポリマーは，カチオン性セグメントが金表面に吸着し，PEG鎖は表面上でブラシ状構造をとる．この表面に，スペーサー部分とメルカプト基が付いたプローブDNAを固定化させる．PEG鎖長，ポリカチオン鎖長によってプローブDNAの固定化量は制御される．PEG鎖は非特異的な吸着を抑制し，プローブDNAの配向性の付与を助ける．

PEG/DNA表面では2倍以上の感度を示すことがわかる（図6）．

一方，1塩基ミスマッチDNAを基板表面と接触させたとき，DNA表面では相補鎖の7割程度の非特異的吸着を示すのに対し，PEG/DNA共固定表面ではきわめて低下していることがわかる．このようにPEG/ポリカチオンブロック共重合体によって作られる表面では，PEGとDNAを混合して固定することが可能であり，このようにして作製したPEG/DNA混合ブラシは，非特異的吸着によるバックグラウンドを抑制しつつ，高いセンシング能を発揮する高性能表面である．

Graingerらは，プローブDNAの固定化密度とハイブリダイゼーション効率との相関性に関して検討している[16]．表面に結合したターゲットDNAの表面密度を，プローブDNA量の表面密度で割った値をハイブリダイゼーション効率として計算したところ，プローブDNA密度が2.1×10^{11}分子/cm^{2}のとき，効率は100%であった．そして，それ以上の密度では，プローブDNA密度が増加するにつれて効率は減少した．しかし，ターゲットDNAの結合量自体は，プローブDNA密度が増えるにつれて増加した．彼らの結果からも，効率を最も高くする最適なプローブDNA固定化量の条件があることがいえる．しかし，ハイブリダイゼーション効率の高さとハイブリダイゼーションによるシグナル

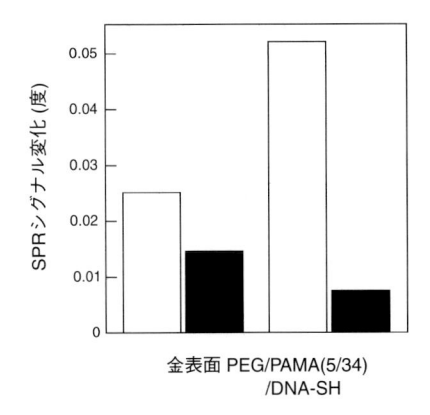

図6　PEG/DNA 共固定化表面における SNP 認識能

プローブDNA（5′-HS-(T)$_{20}$-GCCACCAGC-3′），ターゲットDNA（5′-GCTGGTGGC-3′），ミスマッチDNA（5′-GCTGTTGGC-3′）とする．金表面に対してプローブDNAを固定化した表面（金表面），PEG/ポリカチオンブロックコポリマーを吸着した表面に対してプローブDNAを固定化した表面［PEG/PAMA（5k/34k）/DNA-SH．かっこ内は分子量］を作製し，それぞれの表面に対してターゲットDNA（白），ミスマッチDNA（黒）を流した際のシグナル変化を示す．その際のプローブDNAの固定化量は同じに設定する．

増加とは必ずしも一致しないことから，S/N比を高くする表面設計条件を探す必要がある．

III．1 塩基多型検出技術

　遺伝子診断は，試料DNAが特定の塩基配列を有しているかどうかを，相補的DNAとハイブリダイゼーションさせ，その効率の違いを検出することによって決定する．その検出方法は，前述したように，蛍光物質などで標識したターゲットDNAがプローブDNAとハイブリダイゼーションしたことによる標識物質の検出，標識なしのターゲットDNAがプローブDNAとハイブリダイゼーションしたことによる質量変化，屈折率変化の検出などである．S/N比を向上させるには，Sを上げ，Nを下げることである．Sの向上は検出装置の精度による部分もあるので，装置自体の開発も重要である．ハイブリダイゼーション時の温度，塩濃度などの条件の最適化も重要である．また，前節でも述べたが，

非特異的吸着を下げ，ハイブリダイゼーション効率を上げるための固-液界面の最適化も重要である．では，ほかにどんな方法があるのだろうか．

1. ハイブリダイゼーション法とFRETの組合せ

ハイブリダイゼーションすることによるプローブ分子の構造変化に伴うシグナル変化を検出する方法がある．そのひとつが蛍光共鳴エネルギー移動[*11]の利用である．モレキュラービーコン法の場合，ヘアピン構造では蛍光剤と消光剤の色素どうしが近傍に位置するので蛍光は消光されるが，ターゲットDNAとハイブリダイゼーションすると直鎖状になり，色素間の距離が離れるため蛍光発光する[17]（図7）．ターゲットDNAにハイブリダイゼーションした場合にかぎり蛍光を発し，非特異的に表面に吸着したDNAによるノイズの心配がない利点がある．

ほかにも，消光剤機能を有するインターカレーター分子と蛍光色素分子を使う方法がある．プローブDNAのある個所に両分子を結合させ，試料DNAとハイブリダイゼーションさせる．インターカレーター分子は相補的な塩基対部位に挿入するので，ターゲットDNAの場合，インターカレーター分子の塩基対部位への移動に伴って両分子間の距離が広くなり，FRETが生じなくなり，蛍光を発する．しかしミスマッチDNAの場合，インターカレーター分子の二重

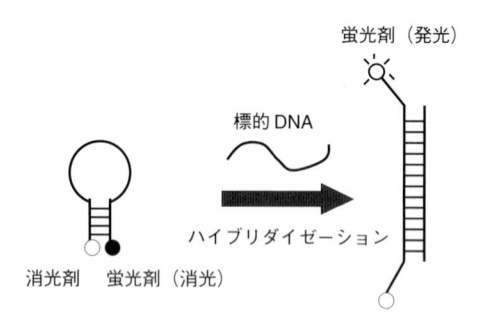

図7　モレキュラービーコンを用いたSNP検出

[*11] 蛍光共鳴エネルギー移動：ある蛍光分子から他の分子へ励起エネルギーが移動する現象．蛍光剤と消光剤がある距離以内では蛍光消光するが，ある距離以上に離れると蛍光が生じる．

鎖への挿入は生起せず移動しないため，蛍光消光したままであり，SNPの検出ができる．この方法も，非特異的な吸着によるノイズを考慮する必要はない．

2. ミスマッチ塩基対を認識する分子の利用

　SNPのミスマッチDNAにおいても，ターゲットDNAと同様にプローブDNAとハイブリダイゼーションする．したがって反応条件によっては，ターゲットDNAとミスマッチDNAとでハイブリダイゼーション効率の差が出ない場合などがある．そのような場合，ミスマッチ塩基対に対して特異的に結合する分子を用いて，SNPを検出する方法がある．たとえば，G-Gミスマッチ塩基対を選択的に認識する分子（ナフチリジン2量体）などを用いる[18]．

3. ハイブリダイゼーションに起因する微粒子の分散-凝集変化の利用

　金コロイドや高分子コロイドなどの微粒子にプローブDNAを固定化し，ターゲットDNAがハイブリダイゼーションすることによって，粒子どうしの凝集挙動が生起し，その粒子の分散-凝集変化に起因するシグナルを検出する方法も検討されている．金コロイドは，溶液における分散状態によって色が変化する．分散状態では鮮やかなピンク色をしているが，金コロイドどうしが凝集構造をとると紫色へと変化し，その凝集構造が大きくなると最終的には沈殿してしまう．

　前田らは，DNA修飾金ナノ粒子を調製し，この粒子のSNP認識能を分散-凝集変化によって検討している[19]．その結果，ターゲットDNAを作用させると，金コロイドどうしの凝集が生起し，溶液の色がピンクから紫へと変化したが，ミスマッチDNAの場合，溶液の色の変化はなかった．このことから，微粒子を用いたSNP検出も可能であるという結果を得ている．しかし，SNP検出に用いるためには，ハイブリダイゼーションの塩濃度などの反応条件を吟味する必要がある．

　長崎らは，SH化PEG[20]，PEG/カチオン性高分子ブロックコポリマー[14]を修飾した金コロイドナノ粒子を利用した診断材料の研究を行っている．PEG末端には官能基が導入されているため，金コロイドに修飾したPEG鎖自由末端にDNAを結合させることが可能である．また，PEG鎖とともにDNAを金コ

ロイドに共固定化することも可能である．PEG 鎖の存在により塩に対する金ナノ粒子の安定性も非常に良い．これまで，この金ナノ粒子を用いて，分散-凝集変化による溶液の色の変化を利用して，糖とタンパク質の特異的相互作用の検出に成功している [20]．また，金ナノ粒子には表面プラズモンの増強効果 [21] があることから，SPR 測定との組合せによるバイオセンシングの高感度化に関する研究も現在進められている．

4．マイクロ電気泳動チップの利用

　コンピュータの半導体集積化技術によって培われてきた微細加工技術を応用して，基板上にマイクロチャネル（微小流路）を作製し，この微小流路中で電気泳動することにより DNA を分離する技術も開発されている．馬場らは，内殻にポリ乳酸，外殻にポリエチレングリコールを有するコア-シェル型ナノミセルをマイクロ泳動層中に入れ，加圧と電気泳動から短時間で DNA の長さごとに分離することに成功している [22]．一方，前田らは，ポリマー[poly(N,N-dimethylacrylamide)] とプローブ DNA との複合体を調製し，これをマイクロ泳動層中に入れることで，短時間でのターゲット DNA とミスマッチ DNA の分離に成功している [23]．これらは微小流路内での反応であるので，容量が少なく，短時間で行え，また，チップ化することによって大量に処理できるため，低コスト，迅速化という点からもその有効性は非常に高い．

　マイクロチャネルの使用は，微小体積の溶液で可能となるため，温度制御が簡便で，体積に対する表面積の比が大きく熱効率が良いことから，加熱と冷却をくり返す操作が多い PCR 用としての開発も行われている [24]．

●おわりに

　今回，DNA 診断に関するチップや検出技術について簡単ではあるが紹介した．その中で，プローブ分子を基板に固定化し，それと特異的な相互作用を示す分子を検出する過程では，その反応場である固-液界面の制御が重要であると述べた．このことはほかのバイオチップにおいても同様に重要であると考えている．つまり，バックグラウンド低減のための表面設計，およびプローブ分子の固定化状態を制御する技術である．ほかのチップにおいても装置自体の感度

の問題もあるが，高感度バイオセンシングのカギを握っているのは，この界面の材料設計であると考えている．

文献

[1] Fodor, S. P. A. et al.: Scieince, **251**, 767 (1991)
[2] Fodor, S. P. A. et al.: Nature, **251**, 555 (1993)
[3] Schena, M. et al.: Scieince, **270**, 467 (1995)
[4] Ulman, A: An Introduction to Ultrathin Organic Films from Langmuir-Blodgett to Self-Assembly, Academic Press (1991)
[5] Allara, D. L. et al.: J. Am. Chem. Soc., **105**, 4481 (1983)
[6] Takenaka, S. et al.: Anal. Chem., **72**, 1334 (2000)
[7] Whitesides, G. M. et al.: Langmuir, **15**, 2055 (1999)
[8] Mirkin, C. A. et al.: Anal. Chem., **72**, 5535 (2000)
[9] Levicky, R. et al.: J. Am. Chem. Soc., **120**, 9787 (1998)
[10] L. Stigh et al.: Biosens. Bioelectron., **10**, 813 (1995)
[11] Textor, M. et al.: Langmuir, **18**, 220 (2002)
[12] De Paul, S. M. et al.: Anal. Chem., **77**, 5831 (2005)
[13] Kataoka, K. et al.: Macromolecules, **32**, 6892 (1999)
[14] Ishii, T. et al.: Langmuir, **20**, 561 (2004)
[15] Giesbers, M. et al.: J. Colloid Interface Sci., **248**, 88 (2002)
[16] Gong, P. et al.: Anal. Chem., **78**, 2342 (2006)
[17] Fang, X. et al.: J. Am. Chem. Soc., **121**, 2921 (1999)
[18] Nakatani, K. et al.: Nat. Biotechnol., **19**, 51 (2001)
[19] Sato, K. et al.: J. Am. Chem. Soc., **125**, 8102 (2003)
[20] Otsuka, H. et al.: J. Am. Chem. Soc., **123**, 8226 (2001)
[21] Lyon, L. A. et al.: Anal. Chem., **70**, 5177 (1998)
[22] Tabuchi, M. et al.: Nat. Biotechnol., **22**, 337 (2004)
[23] Ito, T. et al.: Anal. Chem., **77**, 4759 (2005)
[24] 馬場嘉信: DNAチップ応用技術 II（松永是 監修), p.81, シーエムシー出版 (2001)

Chapter 8

生体材料 II
人工生体膜

古川一暁・森垣憲一・山崎昌一

● はじめに

　複雑な機能をもつ生体膜を人工的に再構成する「人工生体膜」や細胞の機能の一部をもつ「人工細胞」を構築する研究が最近盛んになっている．本章では，これらの研究の基礎になる生体膜や脂質膜の構造や物性 [1-3] についての初学者用ミニマムエッセンスと，ベシクル（小胞）や基板支持脂質二重層（脂質二分子膜）の構築法やその特性について論じる．

I. 生体膜の構造と特性

　われわれヒトをはじめ動物や植物の細胞や，大腸菌などの細菌，インフルエンザウイルスなどのウイルスは，図1(a)のような共通の膜構造をもっている．細胞の輪郭を形成する細胞膜だけでなく，ミトコンドリアのような細胞内の種々の構造体も同様な膜構造をもち，総称して生体膜とよぶ．図1(a)の大きな分子は膜内のタンパク質で膜タンパク質とよばれ，イオンチャネルやレセプター（受容体）など細胞内で重要な機能を果たしている（第3章「タンパク質とバイオチップ」参照）．図1(a)の小分子である脂質だけを抽出して水中に分

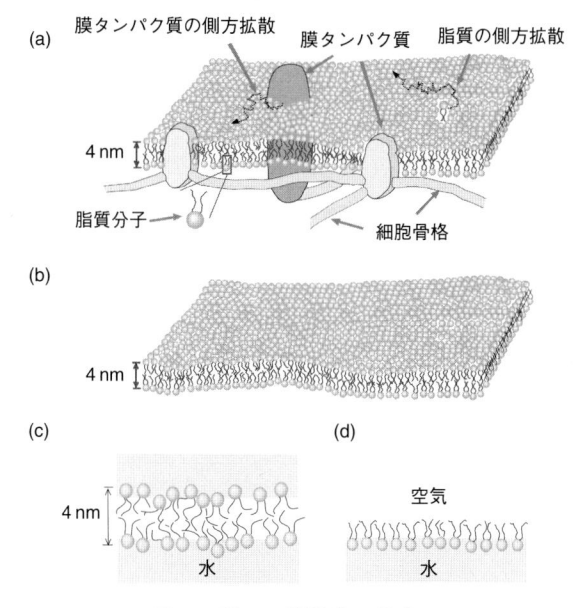

図1 種々の膜構造の模式図

(a) 生体膜．脂質分子が自己集合して形成された脂質二重層の中に，種々の膜タンパク質が挿入され，細胞質側は線維状のタンパク質でできた細胞骨格が膜を裏打ちしている．脂質分子や膜タンパク質は膜内で大きな側方拡散を行っている．(b) 脂質二重層（aと同じ角度から見た図）．(c) 脂質二重層を横から見た断面図．(d) 水-空気界面の脂質単分子膜を横から見た断面図．

散させると，厚さ4 nmの膜（脂質膜とよばれる）（図1b）を形成するので，生体膜は脂質膜中に膜タンパク質が組み込まれたものと考えられる．

　生体膜/脂質膜がプラスチックや金属の薄膜と大きく違うところは，膜を構成している脂質や膜タンパク質が膜内で横方向に動くブラウン運動，つまり2次元の並進拡散である側方拡散（lateral diffusion）をすることである（図1a）．実際の細胞膜では線維状の細胞骨格が膜を裏打ちして（図1a），膜タンパク質や脂質の側方拡散を制御している [2]．

II．脂質の構造

　脂質は，水との相互作用の良い鎖である親水性セグメント [4]（図1aの脂質

の球形部分）と，水との相互作用の悪い疎水性セグメントである炭化水素鎖（炭素と水素から作られる鎖．図1aの脂質の2本の曲線）をもつ両親媒性分子である．

　生体中の脂質の代表例であるリン脂質は，図2(a)のようにグリセロール-3-リン酸の1と2の位置の水酸基（OH）に脂肪酸がエステル結合し，リン酸基にセグメントSが結合している．リン脂質の種類はセグメントSに依存し（図2b），たと

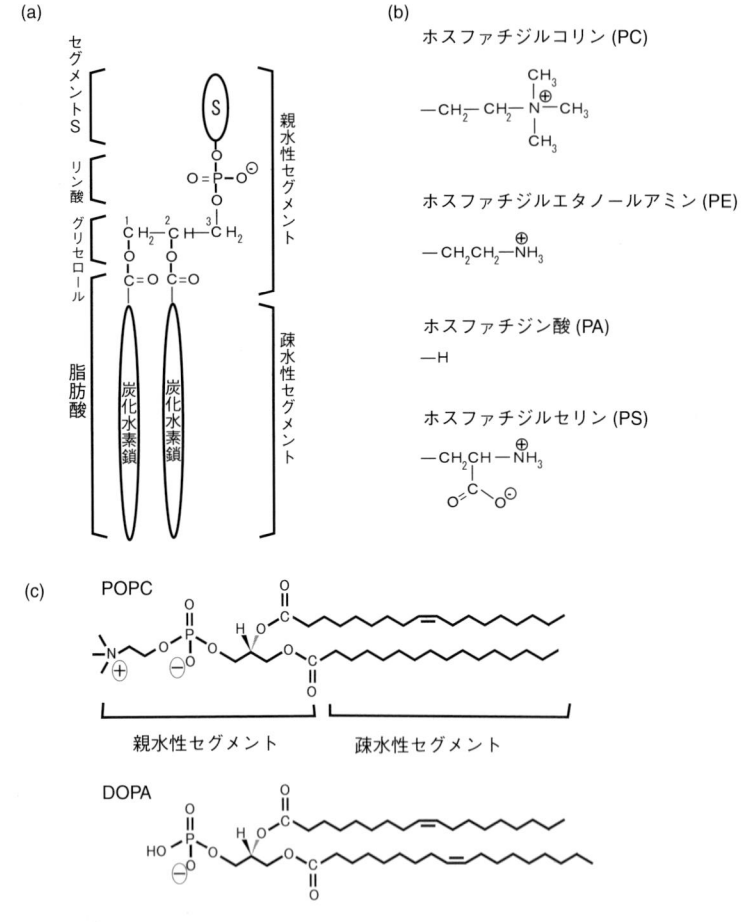

図2 リン脂質の構造の概念図（a），セグメントSの種類（b），リン脂質POPCとDOPAの構造（c）

えばコリンの場合はホスファチジルコリン（phosphatidylcholine；PC），エタノールアミンの場合はホスファチジルエタノールアミン（phosphatidylethanolamine；PE）となる．PC や PE はセグメント S にある正電荷 1 個とリン酸基にある負電荷 1 個をもち，中性では正味の電荷はもたないが，ホスファチジン酸（phosphatidic acid；PA）やホスファチジルセリン（phosphatidylserine；PS）は正味の負電荷をもつ．一方，リン脂質の性質は脂肪酸の種類にも依存する．生体中の脂質にある代表的な脂肪酸として，炭素数 16 の飽和脂肪酸のパルミチン酸（$CH_3(CH_2)_{14}COOH$）や炭素数 18 で二重結合が 1 個ある不飽和脂肪酸のオレイン酸（$CH_3(CH_2)_7CH=CH(CH_2)_7COOH$）がある．したがって，リン脂質の名前はセグメント S と脂肪酸により決まり，たとえばパルミチン酸とオレイン酸が結合した PC は，1-palmitoyl-2-oleoyl-phosphatidylcholine（POPC），オレイン酸が 2 個結合した PA は，1,2-dioleoyl-phosphatidic acid（DOPA）となる（図 2c）．脂質の種類や構造は，Avanti Polar Lipids（USA）社のホームページに詳しいリストがある（http://www.avantilipids.com）．

III. 脂質膜やベシクルの構造と形成機構

　脂質を水中に分散させると，まず平面状の脂質二重層を形成する（図 1b, c）．これは，水-空気界面に脂質を展開すると形成される単分子膜（図 1d）が 2 枚重なった構造をしている．脂質の自己集合の駆動力は疎水性相互作用（hydrophobic interaction）であり，炭化水素鎖が水との接触を避けるように自己集合して二重層を形成する．

　疎水性相互作用は「水と油はまじりにくい」という現象の原理でもあり，油（つまり炭化水素）を水と混合して水と接触させると自由エネルギーが増大することから生じる．定量的な解析のために，水中での炭化水素の溶解度を測定し，そのデータから炭化水素の液体中から水中へ炭化水素 1 モルを移動したときの自由エネルギー変化 ΔG_{tr} を求める．実験結果より ΔG_{tr} は正の値（$\Delta G_{tr} > 0$）をとることがわかるが，このことは炭化水素が水と接触すると自由エネルギーが増大することを示す．そのため，炭化水素を水に分散させると，炭化水素と水との接触面積が減少するように炭化水素どうしが会合して，自由エネルギー

が減少する方向に系は変化する．これを疎水性相互作用という．0～100℃の範囲では ΔG_{tr} は温度とともに増大するので，疎水性相互作用も増加する．ΔG_{tr} の温度依存性の解析から，ΔG_{tr} に対するエントロピー変化 ΔS_{tr} の寄与とエンタルピー変化 ΔH_{tr} の寄与を求めることができる．室温付近では炭化水素の周りの水の構造化に基づくエントロピーの減少（$\Delta S_{tr} < 0$）が ΔG_{tr} の値をほぼ決定するが，温度が上昇するにつれて $|\Delta S_{tr}|$ は減少し ΔH_{tr} は増加するので，高温ではエンタルピーの増加（$\Delta H_{tr} > 0$）が ΔG_{tr} の値をほぼ決定する [5]．疎水性相互作用は生体膜/脂質膜やタンパク質の構造形成で重要な役割を果たしている．

平面状の脂質二重層はそのシートの両端で炭化水素鎖が水と接触するため，安定ではない（図1b）．したがって端どうしが結合して，脂質二重層は閉じた曲面を形成する（球形だけではなく楕円体やチューブなど種々の形がある）．これをベシクル（vesicle；小胞）またはリポソームとよぶ．1枚膜のベシクル（図3a）は大きさにより分類され，直径25～50 nmの小さな1枚膜ベシクル（small unilamellar vesicle；SUV），100 nm～1 μmの大きな1枚膜ベシクル（large unilamellar vesicle；LUV），1 μm以上の巨大1枚膜ベシクル（giant unilamellar vesicle；GUV）がある．一方，脂質二重層が何枚も重なってできた多重層ベシクル（multilamellar vesicle；MLV）（図3b）は，隣りあう二重層の間に一定の厚さの水の層があるため，膜が等間隔に並ぶラメラ構造をとる．

IV．液晶相とゲル相の構造と物性

脂質膜は脂質の種類や環境の条件（温度，溶媒，圧力）に応じて種々の相を形成する [1,6]．一般に脂質二重層は，低温ではゲル相（L_β 相や L_β' 相など）をとるが，高温では液晶相（L_α 相）（図3c, d）をとる．したがって，低温から温度を上昇させると，ゲル相から液晶相への相転移が温度 T_m（ゲル-液晶相転移温度）でおこる [1]．

MLVのX線小角散乱による測定から，ラメラ構造のくり返し周期（図3bの d_l）や膜の電子密度と厚さが求められる [4]．一方，X線広角散乱を用いると，膜の炭化水素鎖の構造の情報が得られる．ゲル相の膜では鋭いピークが得られ，

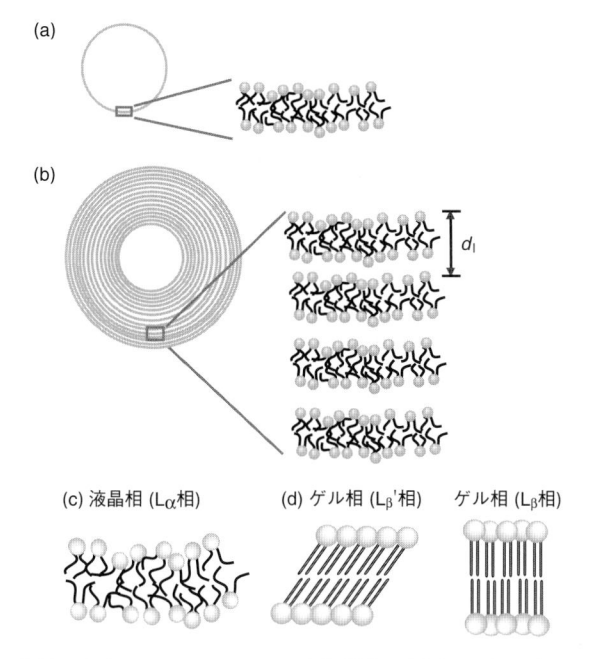

図3 脂質二重層からなるベシクルとその内部構造の模式図（**a, b**）および脂質二重層の相の模式図（**c, d**）

(a) 1枚膜のベシクル．(b) 多重層ベシクル．(c) 液晶相．L_α 相：L は一次元の周期性を表すラメラ構造を意味し，α は液晶相を表す．(d) ゲル相．β はゲル相を表す．2種類のゲル相のうち，L_β 相の脂質二重層の炭化水素鎖は膜の法線方向に平行であるが，プライム ['] がついている $L_{\beta'}$ 相の脂質二重層は炭化水素鎖が膜の法線方向から傾いている．

炭化水素鎖が固体のように規則正しく配列していることがわかるが，液晶相では幅広い弱い散乱のみが観測され，炭化水素鎖の状態が液体に近い分子運動をしていることがわかる（図3c, d）．

生体膜/脂質膜の構成成分の側方拡散は，理論的には2次元の拡散方程式を解くことにより得られ，拡散のしやすさは拡散定数 D で表される．液晶相の膜の脂質の側方拡散定数 D は $10\,\mu m^2\,s^{-1}$ のオーダーであり，ゲル相の膜では $10^{-2}\,\mu m^2\,s^{-1}$ のオーダーである [1]．したがって，液晶相の膜の脂質の D はゲル相のそれよりも3桁程度大きい．t 秒間に脂質の移動する距離の2乗平均 $\overline{r^2}$ は $\overline{r^2} = 4Dt$ で求められるので，液晶相の膜の脂質は2.5秒で平均 $10\,\mu m$ 移動する．生体膜の大部分は液晶相に近く，そのため構成分子の側方拡散は大きい

(本章第1節を参照).

一方,脂質膜をマクロ的にみるとシートとして扱えるので,弾性率が重要になる.外力により脂質二重層に張力$\overline{T}$をかけると,膜の表面積はAからΔAだけ増加し,$\overline{T}=K_A \Delta A/A$が成り立つ.ここで$K_A$は等温面積弾性率とよばれ,その測定にはマイクロピペット吸引法が用いられる [8].液晶相の脂質二重層のK_Aは$0.1 \sim 0.2\,\mathrm{N \cdot m^{-1}}$であり,ゲル相の$K_A$($=0.8 \sim 1.0\,\mathrm{N \cdot m^{-1}}$)の20%程度である.脂質二重層の曲げ剛性率$\kappa$は$K_A$に比例するので,液晶相の膜の$\kappa$もゲル相のそれよりもずっと小さい.つまり,液晶相の膜のほうがより変形しやすいことがわかる.

V. 種々のベシクルの作製法とその特性解析

ベシクルを作製するときに重要なことは液晶相の膜の条件で(つまりT_m以上の温度で)作製することである.また,脂質の保存や取り扱いにおいては,加水分解や酸化(とくに不飽和脂肪酸をもつ脂質)を防ぐために,水(湿気)の混入や空気および光との接触をできるだけ避けるべきである.

MLV は乾燥した脂質の薄膜に緩衝液を加え,ボルテックス・ミキサーなどで撹拌して,膜にずり応力を加えることにより作製する.水溶液が均一に白濁することができあがりの目安である.LUV は,MLV の懸濁液を孔径のそろったフィルターに何回も通すことにより作製する(extrusion 法).水溶液が透明になることができあがりの目安である.LUV の特性解析には透過型電子顕微鏡や動的光散乱法が用いられる.GUV は乾燥した脂質膜を水中で静置したり,10 Hz 程度の交流電場をかけることにより得られる.PEG-lipid 法を用いると高イオン強度の緩衝液中でも GUV の作製が可能である [7].GUV の特性解析は蛍光位相差顕微鏡などを用いて行われる.

通常の生体膜/脂質膜の研究では,小さな直径のベシクルである SUV や LUV,または MLV が多く存在する水溶液が蛍光分光法や光散乱などの物理的測定方法で測定されるので,個々のベシクルがもつ物理量の集団平均の値が得られる.一方,GUV を用いた実験では,1個の GUV の構造や物理量の変化をリアルタイムで測定することが可能であり,それらの物理量を多くの"1個の GUV"に

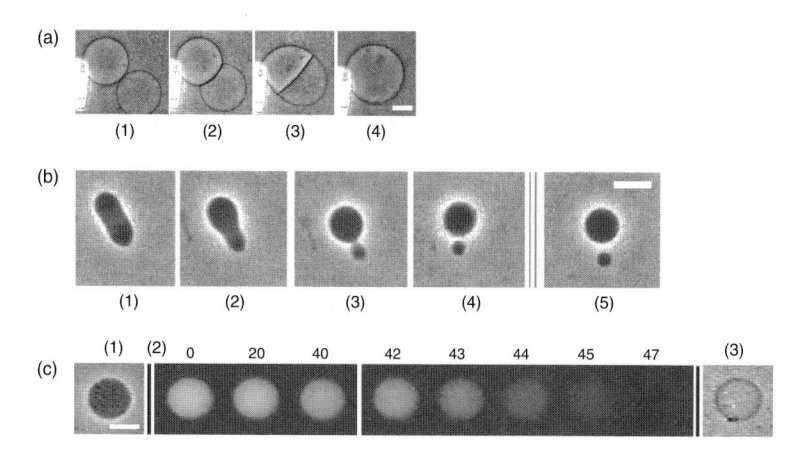

図4 単一GUV法による生体膜のダイナミクスの可視化

(a), (b) と，(c) の (1),(3) は位相差顕微鏡像．(c) の (2) は蛍光顕微鏡像．(a) 膜融合（スケールバー：$20\mu m$）．(b) 膜分裂（スケールバー：$10\mu m$）．(c) ペプチドが誘起する蛍光物質の漏れ（スケールバー：$10\mu m$）．(c) の (2) でのGUV内の蛍光強度の減少が，GUV内から外への蛍光物質の漏れを表す．[それぞれ文献 10, 8, 11 から許可を得て転載]

対して測定して統計的な解析をすることにより，上記のベシクル集団を用いた研究とは質的に異なる新しい情報が得られる（単一GUV法）[9,11]．この方法を用いて，2個のベシクルが1個の大きなベシクルに変化する膜融合や，1個の大きなベシクルが2個以上の小さなベシクルに変化する膜分裂の1つ1つの事象とその素過程が可視化されている（図4a, b）[8,10]．また抗菌性ペプチドで誘起される1個のベシクルからの蛍光物質の漏れが観測され，その詳細な解析が行われている（図4c）[11]．単一GUV法は今後の方法論の発展に伴い，さらなる発展が期待される．

最近，膜タンパク質や細胞骨格を含むGUVの作製やGUV内部での種々のタンパク質の発現などにより，細胞の一部の機能をもつ人工細胞の構築とそのシステムの研究が行われはじめた．これらの人工細胞の研究はシステム生物学などとうまく連携することにより，生命システムの動作原理の解明に今後大きく寄与できると考えられる．

VI. 人工生体膜：黒膜から基板支持脂質二重層へ

　脂質二重層の形態は，前節で述べられた球殻構造を有するベシクルと，本節以降でおもに述べられる平面状構造を有するものに大別される．後者には，黒膜（black lipid membrane）とよばれる，両側を緩衝液で満たされた小さな穴に作製された脂質二重層がある．黒膜の名称は，この膜が作製されたあとの穴が灰色に見えることに由来する．

　黒膜のように液中に浮いた状態ではなく，固体表面に吸着した脂質二重層を作製することができる．このような基板に吸着した脂質二重層について，統一された呼称が与えられていない．英名でも，supported bilayer, planar bilayer, tethered bilayer などが使われている．本章では，基板支持脂質二重層（supported lipid bilayer；SLB）という呼称を用いることとする．

　細胞膜は非常に複雑な構造をもっているが，その基本構成要素は脂質分子であることをすでに見てきた．脂質分子は，天然物から抽出する（たとえば，卵黄由来のホスファチジルコリン；egg-PC）ことや，人工的に合成することによって，混合物から単一成分まで，幅広く入手できる．脂質二重層は，これらの脂質分子から容易に作製することができる生体膜のモデル物質であり，細胞膜を要素還元的に取り扱える対象でもある．固体表面は，ナノテクノロジーによる微細加工を実現したり，化学的手法により改質を施したり，また各種の分析手法が展開できる"場"である．したがって，SLBは，近年注目を集めている新しい融合研究領域であるナノバイオテクノロジーが標榜する目標を達成するためのひとつの柱となりうる．以上の観点から，本章後半ではSLBについておもに述べることとする．

VII. 脂質二重層の基板表面への支持法

　ここでは，SLBの作製法について述べる．いずれの手法においても，一般的には，親水性を有する基板，たとえば酸化膜付きのシリコンウェハや石英，マイカが用いられる．これは脂質二重層の表面が親水性であることからの要請で

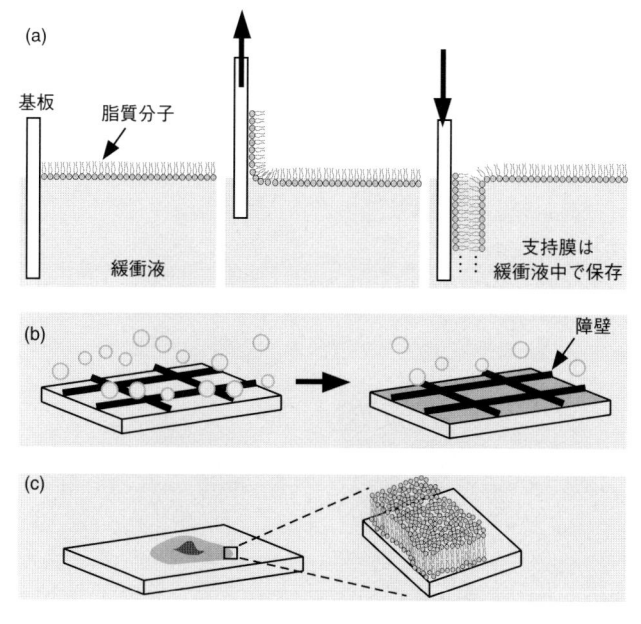

図 5 基板支持脂質二重層の作製方法
(a) ラングミュア・ブロジェット法，(b) ベシクル融合法，(c) 自発展開法.

ある．また，作製した SLB は，緩衝液中に保管する必要がある．表面を乾かしてしまうと，SLB はその形態を保てない．図 5 に代表的な手法の概念図を示した．以下にそれぞれの手法とそれらの特徴を簡単に示す．また得られた SLB の観察例を図 6 に示す．

1. ラングミュア・ブロジェット法

ラングミュア・ブロジェット（Langmuir Blodgett；LB）法は，両親媒性分子を気液界面に展開し（図 1d），形成した膜を基板上にすくいあげて転写する，よく知られた方法である．脂質分子も両親媒性分子であり，LB 法によって SLB を作製することができる [12]．他の LB 膜転写と異なり，SLB を得るためには，基板表面を水中から空気中へ，さらに空気中から水中へ，必ず往復させて転写しなければならない．SLB を安定に作製するには，LB 法でまず二分子膜の一方の単分子膜を基板上に転写し，ひき続きその基板を水面に平行にして二分子

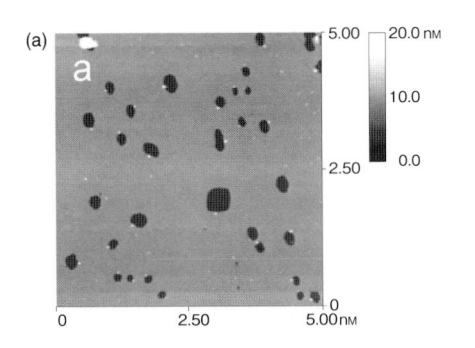

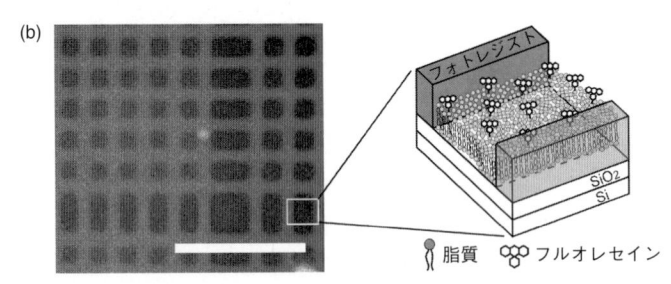

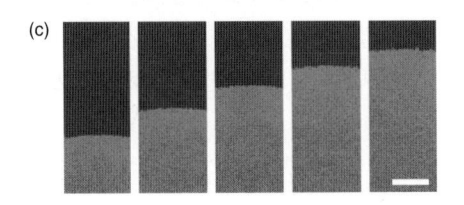

図 6 基板支持脂質二重層の観察例

(a) ラングミュア・ブロジェット法によりマイカ表面に作製した DPPC 支持膜の原子間力顕微鏡像（緩衝液中測定）．DPPC は室温ではゲル相をとり，支持膜の一部に欠陥が生じ，マイカ表面（暗部）が露出している．観察領域：$5 \times 5\,\mu m$．[Furuike, S. et al.: BBA-Biomembrane., **1615**, 1 (2003) より許可を得て転載]

(b) ベシクル融合法で作製した egg-PC 支持膜の蛍光顕微鏡像．B 励起により，1%混合したフルオレセイン結合脂質分子を観察．あらかじめフォトレジストで格子状のパターンを作製した基板表面を用いた．スケールバー：$30\,\mu m$．

(c) 自発展開法で作製した egg-PC 支持膜の共焦点レーザー顕微鏡タイムラプス測定（2分ごと）．543 nm 励起により，1%混合したテキサスレッド結合脂質分子を観察．時間発展に伴い，基板支持脂質二重層が成長していく．スケールバー：$30\,\mu m$．

➡口絵 6 参照

膜のもう一方の単分子膜を転写する手法が採用されることが多い．LB法はさまざまな脂質分子に適用することができ，いくつかの脂質分子は，LB法でのみSLBが得られることが知られている．他方，LB法では均一に大面積のSLBを作製することが困難である．

2．ベシクル融合法

すでに述べたように脂質分子はそれ自体は水溶性ではないが，脂質分子を緩衝液に懸濁させたのちに超音波を照射することなどにより，自己組織化によってベシクルを形成する．ベシクルを含む緩衝液中に，基板を1～24時間程度浸漬すると，基板表面に脂質二重層が吸着する．これによってSLBを得る方法をベシクル融合法（vesicle fusion）とよぶ[13]．ベシクル融合には，液晶相のベシクルを使用する．そのためには，たとえば用いる脂質分子のゲル-液晶相転移温度以上の温度でベシクル融合を行えばよい．また，ベシクル融合法では，場所によっては脂質二重層が複数重なった多層膜が形成される．多層膜の2層目以上は緩衝液による洗浄で除去でき，第1層目にあたるSLBのみが支持した基板が得られる．溶液中での安定構造であるベシクルが基板表面でSLBに転移する機構については，近年急速に理解が進んでおり，ベシクル-ベシクル間相互作用や初期に吸着した支持膜とベシクルとの相互作用が重要であることが指摘されている[14]．ベシクル融合法は，短時間に均一で大面積のSLBを作製できる特徴をもつ．

3．自発展開法

基板表面に脂質分子を付着させておき，この表面を緩衝液（たとえば100 mM NaCl水溶液）中に静かに浸漬しておくと，脂質分子のかたまりのすそ野から，自己組織化によって形成した脂質二重層が基板表面上をはうように成長していく．この現象は自発展開（self-spreading）とよばれている[15]．自発展開は，付着した脂質分子のかたまりから放射状に進行する．すそ野が広がる速度は，自発展開初期には毎分$10\,\mu m$以上にも達するが，膜の成長に伴いその速度は低下する．自発展開法によれば1 mm四方のSLBを作製することも可能であるが，相応の時間が必要である．

VIII. 基板支持脂質二重層の観察手法と基礎物性

　SLB を観察するもっとも一般的な方法は，顕微鏡を用いるものである [16]．実際は，SLB を作製する脂質中に，色素が結合した脂質分子をわずかに混合しておき，この色素を励起してその蛍光を観察する．蛍光プローブなどの名称で，さまざまな色素が結合した脂質分子が市販されている．インビトロジェン社の発行する "The Handbook：A Guide to Fluorescent Probes and Labeling Technologies" は脂質分子のみならず，生体組織の染色に用いられる試薬が網羅されている（脂質に関しては，同書 Chapter 13 を参照）．生物学にとって重要な染色技術は非常に高度に発展しており，表面科学研究においても新たな手法として取り入れるべきものである．

　蛍光顕微鏡は，高圧水銀ランプ光源をフィルターにより分光した励起光を試料に照射し，試料の発する蛍光を観察する顕微鏡である．励起光は UV 励起，B 励起，G 励起などとよばれ，それぞれ紫外光，青色光，緑色光での励起に対応する．また，観察する色素に応じて，最適な波長が選択されたフィルターブロックが用意されている．顕微鏡観察では，観察中も SLB を緩衝液中に保持する必要があることから，たとえば水浸の対物レンズを用いて，対物レンズ-試料間を緩衝液で満たしたまま測定するなどの方策をとる．

　多重染色は，1 つの試料中の複数の部位を異なる色素で染色する技術である．蛍光波長の重なりの少ない蛍光色素を選択すれば，同一試料中での異なる部位を，蛍光波長の違いによって区別して同時観察することが可能になる．

　共焦点レーザー顕微鏡（confocal laser microscope）は，励起光源にレーザーを用い，かつ試料観察面の垂直方向（z 方向）の任意の点に焦点を結ぶ機構を備えている．これにより，z の値で決まる焦点距離にある試料断面を非破壊観察することができる．細胞観察では，z 方向を連続的に変化させた観察結果から，3 次元画像を構築する目的にしばしば使用される．共焦点レーザー顕微鏡では，観察面をレーザーによりスキャンして励起を行い，発する蛍光をフィルターで分光し，フォトマルで検出する方式が一般的である．レーザースキャンは，音響光学装置（accoustic optical module）を用いて高速に制御することがで

き，任意の領域の観察や強励起光照射などに威力を発揮する．励起光源用レーザーは任意の波長は選べないが，488 nm（アルゴンレーザー），543 nm（ヘリウムネオンレーザー）が一般的に用いられる．ほかに 405 nm（半導体レーザー），465 nm，515 nm（いずれもマルチアルゴンレーザー）などが利用できる．

　顕微鏡観察から，SLB の分子拡散定数を求めることができる．FRAP（fluorescence recovery after photobleaching）とよばれる手法は，強い励起光照射により SLB の一部分の蛍光色素を失活させたのちに，分子拡散によってその部位の蛍光が回復する時間を測定して，拡散係数 D を求める方法である．顕微鏡の時間発展観察は，しばしばタイムラプス（time-lapse）測定とよばれる．SLB においては，$D \sim 1 \mu m^2 sec^{-1}$ の値が報告されており，生体膜中での D 値と大きくは違わない．高い流動性を保持している理由として，基板と SLB との間に存在する水の層が指摘されている [17]．このことを積極的に利用して，基板表面を高分子やアンカーで修飾して，SLB の流動性を制御する試みも行なわれている．

　原子間力顕微鏡（atomic force microscopy；AFM）も SLB の計測に有利な測定法である．AFM の原理については，本書第 10 章「原子力間顕微鏡による生体材料計測」を参照されたい．AFM は高い空間分解能をもち，緩衝液などの生理的条件下で，非常に弱い力での測定が可能である．これらの特徴から，タンパク質の構造観察への AFM の応用が近年盛んに行われている．AFM は，凹凸像の観察と同時に粘弾性などの物性の変化を検出することも可能である．この特徴は，SLB のゲル-液晶相転移や相分離構造の観察に応用される [18]．また，蛍光顕微鏡観察だけでは判断が困難な，SLB が単層であるか多層であるかを完全に区別するには，AFM が重要な手段となる．AFM 測定の不利な点として，一測定にかかる時間が通常数分以上であること，試料が固定されたものに限られることがあげられ，SLB のような流動的な試料の測定は容易ではない．これに関して，近年，毎秒数フレームの測定が可能な高速スキャン AFM 技術が急速に発展しており（第 10 章参照），SLB の動的特性の解明へもその応用が期待される．

IX. 基板支持脂質二重層の微細パターン化

　SLB の特徴として，光リソグラフィーなどの半導体微細加工技術によって膜をパターン化することが可能であることがあげられる．1 枚の連続した SLB においては，膜内の分子は側方拡散により均一に混じり合っている．［注：分子側方拡散のためには，SLB は液晶相である必要がある（本章第 IV 節参照）．また，脂質の種類によっては互いに混じり合わずドメインに分かれる組合せもある．］しかし，基板上に障壁を設けてひとつの SLB を分断することで，互いの領域中の分子が混じり合わないようにすることができる．たとえば，基板上に格子状の障壁を設けて格子の間にだけ脂質膜が吸着するようにすれば，多数の独立した SLB 領域を作製することが可能になる．それぞれの領域の中に組み込まれる脂質やタンパク質組成を変化させた脂質膜アレイ，タンパク質アレイは，薬のような外来分子と膜との相互作用を並列で調べられるスクリーニング用のバイオチップとしても応用できる．また，ブラウン運動でランダムに動いている分子を電場などで一方向に移動させる際に分岐構造を用いて分離するなど，パターン化は SLB に新しい機能を与える有効な手段である（本章第 X 節参照）．

　SLB パターン化手法は，1997 年に米国・スタンフォード大学の S. G. Boxer のグループによって報告され，その後，世界的に多くのグループで試みられるようになった [19]．これまでに開発されてきたパターン化手法は，パターン化基板の利用，微小流路を用いるもの，インクジェット方式などの印刷手法を応用するもの，基板上に形成された SLB の部分的光反応など，多様な原理に基づいている．詳細はほかのより専門的な総説を参照されたい [20, 21]．ここでは，光リソグラフィーによって作製されたパターン化基板を用いた SLB のパターン化手法について説明する（図 7）．光リソグラフィーは，基板上に特定のパターンで材料を着けたり除いたりすることを可能にする，半導体微細加工プロセスの中核をなす技術である．その工程は，おおよそ以下のとおりである．洗浄された基板表面にスピンコーティングとよばれる手法でフォトレジスト（光感受性樹脂）の薄膜を塗る．熱処理を行ったのち，フォトマスク（通常は石英板にクロムがパターン化されたもの）を用いて光を局所的に照射することで，フォ

IX．基板支持脂質二重層の微細パターン化

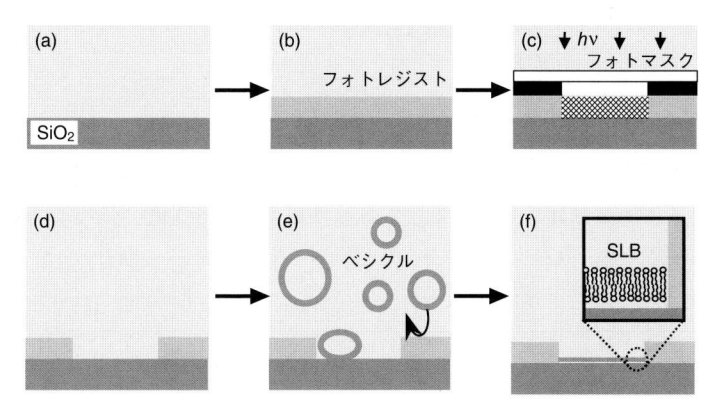

図7 光リソグラフィーを用いた膜パターン化手法の概念図

(a) シリコン基板 [表面には酸化膜（シリコンオキサイド）がある]，(b) スピンコーティング法によるフォトレジスト塗布，(c) フォトマスクを通した光照射（露光），(d) 露光された部分を現像液によって除去，(e) 基板をベシクル懸濁溶液に接触し（数分間）SLB を形成，(f) ベシクルを緩衝液などでリンスすると基板のシリコンオキサイド表面にのみ SLB が残る．

トレジスト中の光照射部位にのみ光化学反応をおこす．もう一度熱処理を行ってから現像を行うと，光を照射した部分のみが選択的に取り除かれる（ポジ型フォトレジストの場合）．通常の半導体微細加工では，このあとフォトレジストパターンを鋳型としてさらなる工程が続くが，パターン化基板をベシクル懸濁溶液に浸漬することで基板上にパターン化 SLB を形成することができる．これはリン脂質二重層の吸着挙動が基板表面の材料によって大きく異なることを利用している．リン脂質二重層の場合，ガラス，シリコンオキサイドなどの基板上にはベシクル融合法で安定した SLB を形成するが，フォトレジスト表面には SLB が形成されない．したがって，図7(d) のようにシリコンオキサイド上にパターン化されたフォトレジストが載っている基板では，シリコンオキサイド表面にのみ SLB が形成され，フォトレジストは膜領域を制限する障壁として機能する（図7f）．図6(b) にそのようにして作製されたパターン化膜の例が示されている．このような障壁材料としては，各種金属酸化物，フォトレジストなどのポリマー，チオール単分子膜，タンパク質分子（例：アルブミン）などがある．また，生体膜と同等な二重層構造を有するポリマー化脂質膜を障壁として用いる手法も開発されている [22]．

X. 基板支持脂質二重層中での分子輸送

　SLBは，すでに述べたように，固体表面に吸着しながらも流動性を保持した膜である．この流動性は，他の膜にみられないSLB特有の物性であり，表面科学の立場からも新しい研究の機会を与える．一例として，脂質二重層中に含まれる特定の分子を，外場を用いて移動させたり，表面ナノ構造を用いて拡散を制御する研究がある．

　固体表面に作製した障壁の中に作製したSLBに電場を印加した場合をみよう[20]．SLBが障壁の外に流出することはないが，障壁の中では常に分子拡散が生じている．SLBに含まれる色素結合脂質分子は，色素の部位がわずかに帯電している．これにより，外部電場を印加すると，全体としてはランダムな拡散をしているSLB中に，色素の帯電の極性に依存した色素結合脂質分子の濃度分布が生じる．たとえば，テキサスレッドはわずかに負に帯電しており，外部電場の(＋)極に引き寄せられる（図8a）．

　ナノ構造を作製した表面上におけるSLB中の分子輸送も興味深い．周期的な非対称ナノ構造を有する基板表面で前述の電場による分子移動を行なうと，色

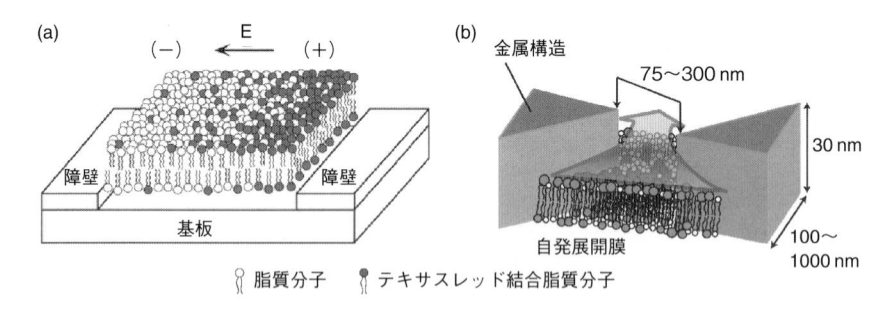

図8　基板支持脂質二重層を用いた分子輸送と分子整流作用の例
（a）障壁の中に張られたSLB中にある色素結合脂質分子を外部電場印加により移動させる．色素結合脂質分子は(＋)極に引力を受け，障壁内部で濃度差が生じる．
（b）100 nm程度の間隙を有するナノ構造表面で，基板支持脂質二重層を自発展開させる．色素結合脂質分子は，通常の脂質分子に比べ立体的に大きいため，ナノギャップを通過しにくい．[文献20, 24より許可を得て転載]

素結合脂質分子が特定の方向へ移動する，分子整流作用が見られる．これは，ブラウン・ラチェットとよばれる，生物学とも関連の深い現象によって説明される [23]．また，ナノギャップを作製した基板表面における自発展開膜中の色素結合脂質分子は，分子の大きさの違いによって，ナノギャップを通過する速度が通常の脂質分子と異なる（図8b）．周期的なナノギャップを作製した基板を用いて，SLB自発展開膜中の色素結合脂質分子の拡散を制御する研究報告がある [24]．

XI. 基板支持脂質二重層への膜タンパク質・ペプチドの組込み

　生体膜において情報伝達やエネルギー変換などの機能をおもに担っているのは，膜タンパク質やペプチド（比較的少数のアミノ酸が結合した鎖状分子）である．たとえば，イオンチャネルは脂質二重層を貫通する構造をもっており，特定のイオンだけを選択的に膜の反対側へ透過することができる．イオンチャネルの中には外部刺激に応じてチャネルを開閉できるものもある．一方，受容体とよばれるタンパク質は特定の分子（リガンド）を選択的に認識し，その結合によっておこるタンパク質構造変化を利用して情報を細胞内に伝えるため，薬剤の主要な標的になっている．膜タンパク質やペプチドを人工膜に組み込んで生体膜中での機能を再現できれば，その機能を精密に検討することが可能になるほか，生体膜機能を利用したバイオデバイス（バイオチップ，バイオセンサーなど）を開発することが可能になる．

　SLBにおいても，ベシクル融合法による作製法が提案された1980年代から，抗原性ペプチド，チャネル性ペプチド，イオンチャネル，受容体など数多くの膜タンパク質やペプチドの導入が試みられてきた．たとえばグラミシジン（15個のアミノ酸からなるチャネル性ペプチド）のような短いペプチドは，ベシクルを作製する際に脂質膜に混ぜておくことでベシクル融合法を用いてSLBに導入することが可能であり，電極上に作製されたSLBにおけるイオン透過の選択性（カリウムなどの1価イオンがバリウムなどの2価イオンに比較して多く流れる）が確認されている [25]．一方，膜タンパク質はペプチドよりも構造がはるかに複雑でタンパク質分子の一部が脂質膜から突き出ていることが多いた

め，ベシクル融合法によるSLBへの導入は困難であることが多い．これは膜タンパク質がベシクルからSLBへの転移を阻害するほか，基板との非特異的相互作用によって膜タンパク質の機能が失われるためである．したがって，膜タンパク質を含んだSLBを基板上に作製するためには，ベシクル融合法以外のアプローチが取られることが多い．

その一例として，図9に示した，網膜で光を検出する受容体であるロドプシンの基板上への固定化があげられる [26]．ロドプシンは，ペプチド鎖が脂質膜を7回貫通する，Gタンパク質共役型受容体（G protein-coupled receptor；GPCR）とよばれる受容体の一種である．スイス連邦工科大学ローザンヌ校のH. Vogelのグループは，網膜よりロドプシンを含む脂質膜を精製し，ロドプシン分子の一方の末端にある糖鎖にビオチンとよばれる化合物を化学的に結合した．界面活性剤を加えてロドプシンをミセル（界面活性剤と脂質の凝集体．ベシクルよりはサイズが小さく，疎水性分子を水溶液中に均一に溶解するのに用いられる）に溶かし，ストレプトアビジンというビオチンに特異的に結合する

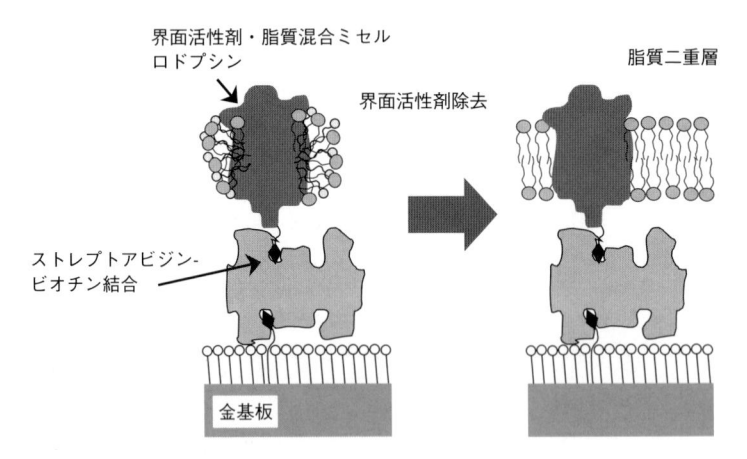

図9　金基板へのロドプシン固定化手法の概念図

金表面にはビオチンが固定化されており，ストレプトアビジンを介してロドプシンが結合する（ロドプシンにもビオチンが付けてある）．基板へのロドプシン固定化段階においては，ロドプシンは界面活性剤と脂質で形成されるミセルに溶かされた状態にある（左側）．これは，溶液中でのロドプシンの自由拡散を促進してストレプトアビジンへの結合効率を上げるためである．固定化後，界面活性剤が除去され生体膜と同等の脂質膜が再び形成する（右側）．このようにして基板上に固定化されたロドプシンは活性（光応答性）を有する．

タンパク質を用いて，ロドプシンをビオチンで覆われた金基板に結合した [26]．（ストレプトアビジン分子にはビオチン結合部位が 4 か所あり，ビオチンをもつロドプシンと金基板の接着剤としてはたらいている．）そして基板に接した界面活性剤溶液を緩衝液に交換することで水溶液への溶解度が高い界面活性剤を選択的に除き，基板上に残る脂質によって膜を再び形成した．この手法はベシクル融合法に比較して工程数が多く，均一かつ単一層の SLB を形成するための実験条件確立が必要である（膜の均一性，連続性は文献では報告されていない）が，膜タンパク質導入には次の点で有利である．1) ストレプトアビジンのスペーサーにより脂質膜と基板との間に水溶液層を確保し，基板表面との相互作用による膜タンパク質の変性・失活を防ぐ，2) ビオチン-ストレプトアビジンの結合を介して基板上で膜タンパク質が同じ向きで固定化されている．タンパク質の活性部位は一方向にあることが多く，機能発現には配向の制御が重要である．Vogel のグループは，このようにして基板上に固定化したロドプシンが網膜中と同様な光感受性をもつことを示している．

XII. 基板支持脂質二重層のセンサー・スクリーニング応用

　SLB は固体に直接支持されているため，ほかの形態のモデル生体膜（リポソームや黒膜）に比較して機械的安定性が高いほか，さまざまな界面分析手法 [電気化学測定，表面プラズモン共鳴分光 (surface plasmon resonance；SPR)，AFM，水晶振動子マイクロバランス法 (quartz crystal micro-balance；QCM) など] を活用して膜構造や導入されたタンパク質の機能を超高感度に評価できるという特徴を有している．また，上記のように微細加工技術を活用してパターン化・集積化されたモデル膜を構築することが可能である．このような特徴から，SLB はデバイス化に適したモデル膜システムであり，バイオセンサー・スクリーニングシステムの開発が多く行われている．

　バイオセンサー応用の例として，1997 年に Cornell らのグループが発表したイオンチャネルセンサーを図 10 に示す [27]．2 量体によってイオンチャネルを形成する前出のグラミシジンを SLB に組み込む．2 量体の 1 つは基板につながれており，もう 1 つは特定の分子（抗原）を認識する抗体というタンパク質に

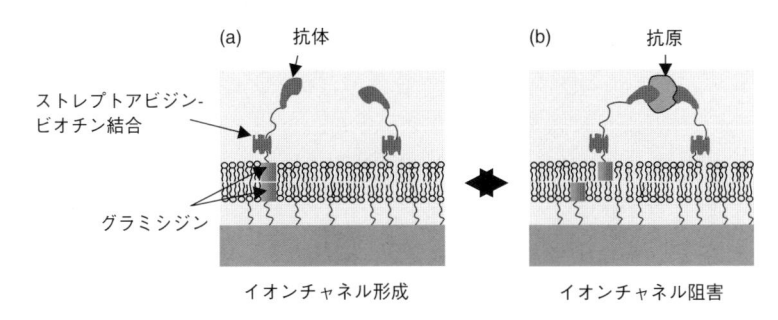

図 10 基板支持脂質二重層を用いたバイオセンサー

抗体（FAB フラグメント）がストレプトアビジン-ビオチンリンカーを通じてグラミシジンに結合し，膜表面に固定化されている．(a) 標的化合物（抗原）がない状態ではグラミシジンは膜中を自由に拡散して 2 量体イオンチャネルを形成する．(b) 溶液中に標的化合物が存在するとグラミシジンにつながった抗体がほかの抗体とクロスリンクされるために拡散できなくなり，チャネル形成が阻害される．その結果，膜のイオン導電率が変化する．［文献 27 より許可を得，一部改変・転載］

つながれている．溶液中に抗原が存在するときには抗原・抗体結合によりチャネル形成が阻害される．そのため分析目的とする分子（抗原）の存在を膜のイオン導電度の変化として計測することができる．また，創薬スクリーニングなどの応用をめざした開発例としては，特定の GPCR を含む生体膜フラグメントをインクジェット方式で基板上に微小スポットとして吹き付けた GPCR アレイがあげられる [28]．膜安定化のためにアルブミンなどの水溶性タンパク質を保護レイヤーとして表面に塗布することで空気中でも安定なアレイが作製され，リガンド分子結合・脱離定数の並列測定が可能になった．

　微細加工技術を駆使して脂質二重層と膜タンパク質を集積することにより，生体膜の複雑，精巧な構造，機能を基板上に再現する研究は現在急速に発展しており，今後も次世代バイオチップシステムなどさまざまな応用が開発されるものと考えられる．

文献

[1] 大西俊一：生体膜の動的構造，第 2 版，東京大学出版会（1993）
[2] 生体膜のダイナミクス（八田・村田編），シリーズ・ニューバイオフィジックス II-4，共立出版（2000）

[3] リポソーム応用の新展開（秋吉・辻井編），エヌ・ティー・エス（2005）
[4] 山崎昌一：水と生命（永山編），シリーズ・ニューバイオフィジックス II-2, p.79, 共立出版（2000）; Kinoshita, K. et al.: Eur. Biophys. J., **30**, 207（2001）
[5] Creighton, T. E.: Proteins, 2nd. ed., W. H. Freeman and Company（1993）
[6] 山崎昌一：文献 [2], p. 63 ; Li, S. et al.: Biophys. J., **81**, 983（2001）
[7] 山崎昌一：文献 [3], p. 154 ; Yamashita, Y. et al.: BBA-Biomembrane, **1561**, 129（2002）
[8] Tanaka, T. et al.: Langmuir, **20**, 9526（2004）
[9] Yamazaki, M. et al.: e-J. Surf. Sci. Nanotech. **3**, 218（2005）
[10] Tanaka, T. et al.: Langmuir, **20**, 5160（2004）
[11] Tamba, Y. et al.: Biochemistry, **44**, 15823（2005）
[12] Tamm, L. K. et al.: Biophys. J., **47**, 105（1985）
[13] Groves, J. T. et al.: Langmuir, **14**, 3347（1998）
[14] Richter, R. et al.: Langmuir, **22**, 3497（2006）
[15] Raedler, J. et al.: Langmuir, **11**, 4539（1995）
[16] Sackmann, E.: Science, **271**, 43（1996）
[17] Lichtman, J. W. et al.: Nat. Method, **2**, 910（2005）
[18] Giocondi, M.-C. et al.: Biophys. J., **86**, 2218（2004）
[19] Groves, J. T. et al., Science (Washington), **275**, 651（1997）
[20] Groves, J. T., Boxer, S. G.: Acc. Chem Res., **35**, 149（2002）
[21] 森垣憲一：リポソーム応用の新展開（秋吉・辻井編），p.432，エヌ・ティー・エス（2005）
[22] Morigaki, K. et al.: Angew. Chem. Int. Ed., **40**, 172（2001）
[23] van Oudenaarden, A. et al.: Science, **285**, 1046（1999）
[24] Nabika, H. et al.: J. Am. Chem. Soc., **127**, 16786（2005）
[25] Jenkins, A. T. A. et al.: J. Am. Chem. Soc., **121**, 5274（1999）
[26] Bieri, C. et al.: Nat. Biotech., **17**, 1105（1999）
[27] Cornell, B. A. et al.: Nature (London), **387**, 580（1997）
[28] Fang, Y. et al.: J. Am. Chem. Soc., **124**, 2394（2002）

Chapter 9

計測・解析技術
神経細胞ネットワーク

鳥光慶一・住友弘二

●はじめに

　神経という言葉は，比較的よく耳にされるであろう．たとえば，「神経質」あるいは「神経過敏」など，何となく細くて繊細な感じをもたれるのではないだろうか？　あるいは，ニューロンという言葉もたびたび登場する．しかしながら，神経細胞と聞くと何か特別の響きを感じられるのではないだろうか？　われわれが神経と言うときは，機能全体を指し示して使うが，神経細胞はその機能の要素であり，結果として何か神秘的であまり想像しにくいものとなっている．実際，神経細胞の多くは脳に集中しており，脳それ自身が神秘的な対象であることから，神経細胞も神秘的な感じがするのではないだろうか？
　脳がわれわれの運動，感覚，記憶・学習などを統括していることは，よくご存知のことと思う．脳では神経細胞が規則的に整然と構造を形成していることが解剖学的見地からよく理解されており（図1），その機能を知ることが脳の解明につながると考え，多くの研究者がその解明に取り組んできた．たとえば，われわれの記憶において神経細胞単位で記憶が保持されているという主張と，神経細胞のネットワーク構造で記憶が保持されているという主張がある．実際はどちらなのか，あるいは両者の組合せなのか，いまだに明らかになっていな

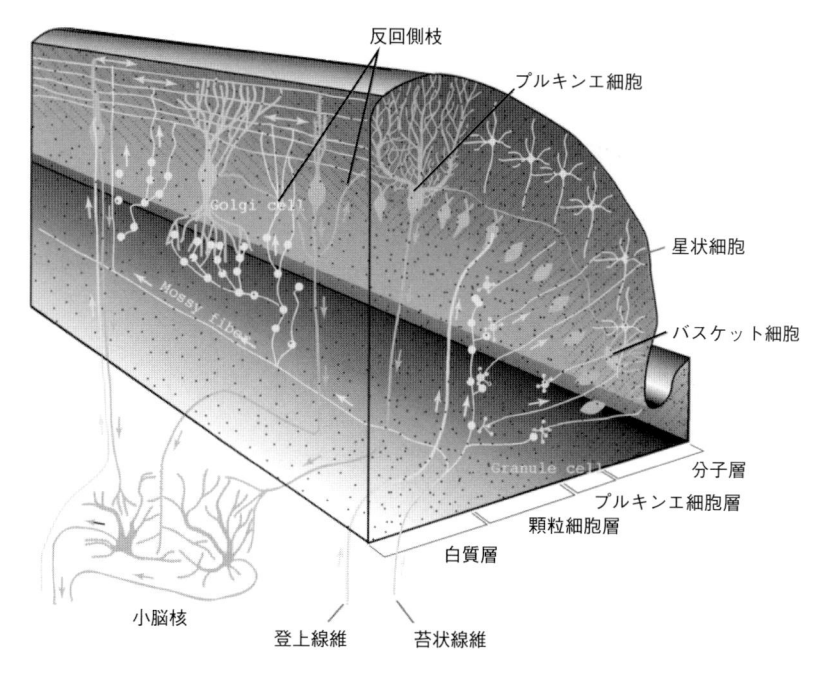

図1 脳における構造化された神経細胞
[文献 1a より許可を得て転載]

いが，アルツハイマー病での記憶喪失や，特定部位の脳切除による記憶消失を考えると，神経細胞単体での記憶保持より，神経細胞のネットワーク構造のほうが記憶保持において重要なのではないかと考えられる．

　本章では，このような神経細胞ネットワークについての基礎を紹介するとともに，ナノ技術に関連した研究を紹介する．とくに後半では，神経機能の基礎であるシグナル伝達に関係した受容体タンパク質について，原子間力顕微鏡を用いた形態観察も含めて述べる．

I. 神経細胞の構造と機能

　神経細胞は，図2に示すように細胞体（cell body）と神経線維（neurite），神経突起（growth cone）とよばれる構造体から形成される．細胞体は，われわ

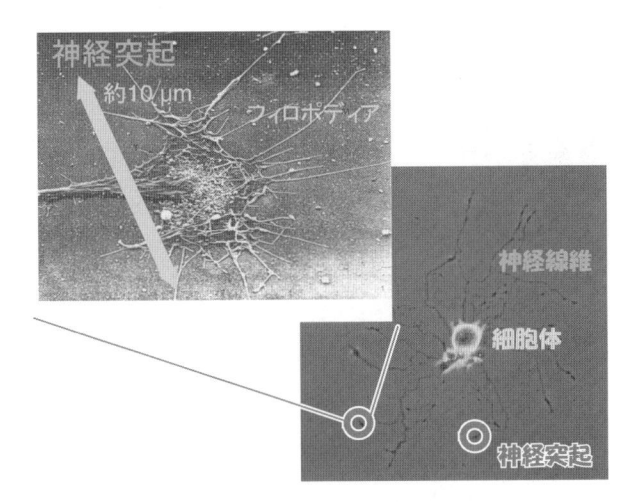

図 2　神経細胞と神経突起
[左上の図は文献 1a より許可を得て転載]

れの体に相当する．大きさは細胞の種類，たとえば中枢神経か末梢神経であるかによって異なるが，およそ 10～30 μm である．神経線維はわれわれの腕に相当し，ターゲットまで長く伸びる軸索（axon）と，枝のように伸びる樹状突起（dendrite）がある．われわれの手に相当する神経線維の先端は神経突起とよばれ，神経線維とともに，細胞体から膜が飛び出した形で伸長している．中は細胞体とつながっており，成長する際に，必要な物質を細胞体から神経線維に沿って供給してもらい，線維先端の神経突起で必要に応じて合成すると考えられている．神経線維は，成長の早いもので 24 時間に数ミリは伸びる．また，神経突起には，フィロポディアとよばれるわれわれの指に相当するフィラメント状の組織があり，指と同様，成長する表面の状態を識別する能力があることが知られている．神経細胞は，浮遊性の細胞と異なり，成長する表面に接着している必要があり，神経突起や神経線維，および細胞体は，ラミニンやポリリジンのような細胞接着性を高める細胞外マトリックス[*1]に対し高い接着性を示す．Kindt と Lander らのラミニンのパターン化に対する神経線維の成長の仕方 [1] や，Kuhn らが用いた，ラミニンビーズに対する神経線維の成長 [2] に関する実験から（図3），数十ミクロンにも及ぶフィロポディアが到達しうる距離が推定

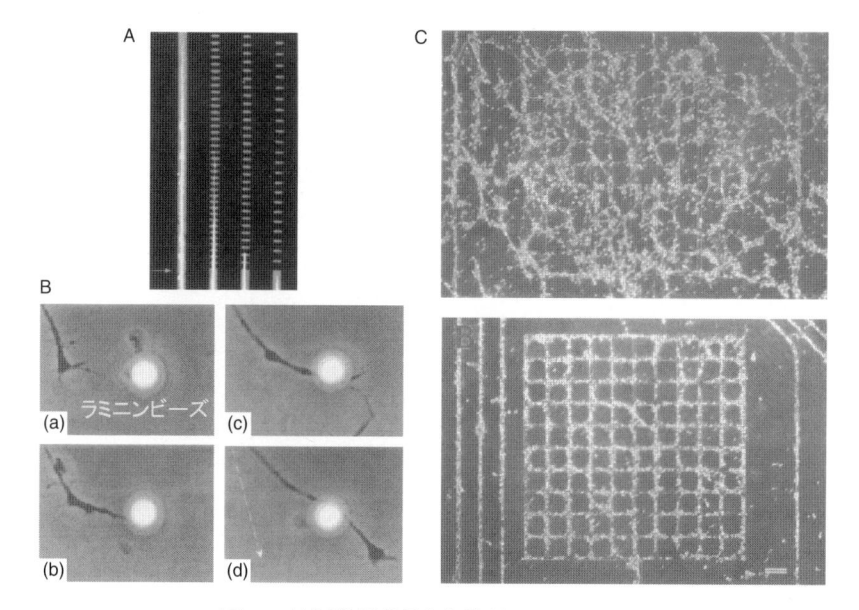

図 3 神経線維成長と細胞外マトリックス

細胞外マトリックスと神経線維成長との関係を示す．図 A（Kindt ら）や図 B（Kuhn ら）の結果が示すように，神経線維はラミニンに対し選択的に吸着する．とくに近傍のラミニンビーズに対する神経線維の成長の様子を示した図 B(d)（Kuhn ら）より，ラミニンビーズがない場合（図中点線）に比べてビーズのほうに成長方向を変化させていることがわかる．
［図 A は文献 1 より，B は文献 2 より，C は文献 2a より，それぞれ許可を得て転載］

できる．

　このような細胞外マトリックスの利用は，細胞成長のコントロールに使用することが可能であり，任意の神経ネットワークの形成を可能にしている．このほか，忌避物質を利用した回路形成の試みや，表面の電気的性質の違い，3 次元の微細凹凸構造を利用した神経ネットワーク形成も報告されている [3,4]（図 4）．

＊1 細胞外マトリックス：神経細胞は接着性の細胞であり，生存・成長のために接着している必要がある．細胞の接着性を高める目的で使用されるものを「細胞外マトリックス」とよび，フィブロネクチンやチキンプラズマ，ラミニン，ポリリジンなどがある．

0.9 μm 幅

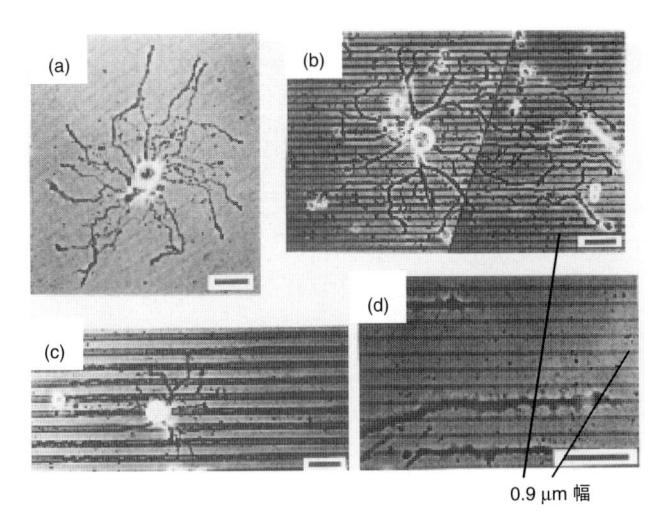

図4　神経線維成長と表面3次元微細構造・表面状態
神経線維は，表面3次元構造・表面状態によって成長方向が変化する．(b)，(d) は $0.9\,\mu m$，(c) は $10\,\mu m$ の凹凸パターン上での神経線維成長を示す．通常の平面 (a) に比べ，(c)，(d) ではパターンに沿って成長している．

II. 神経細胞における信号伝達

　神経における情報の伝達・蓄積は，シナプスとよばれる神経末端（終末）において，電気信号から神経伝達物質とそれを受ける受容体タンパク質との関係に変換され，再び電気信号に戻すことにより生じる．この変換の可塑的な変化が記憶・学習に密接に関係していると考えられている（図5）．神経伝達物質と受容体との関係は，送り手と受け手の一見単純な関係に思えるが，授受する物質の違いや，その存在場所，密度など，さまざまな要素がからみあって複雑な仕組みを構築している．情報のキャリアとしての物質は，大きさが $40\sim50\,nm$ のシナプス小胞に内包されており，情報の授受に伴い，シナプスにおいて開裂→放出→（取り込み）→閉裂→充填をくり返すことにより，シナプス間隙（$100\,nm$ 程度）に放出される．開裂して神経伝達物質を放出する過程をエクソサイトーシスとよび，取込み過程をエンドサイトーシスとよぶ．不要となった伝達物質

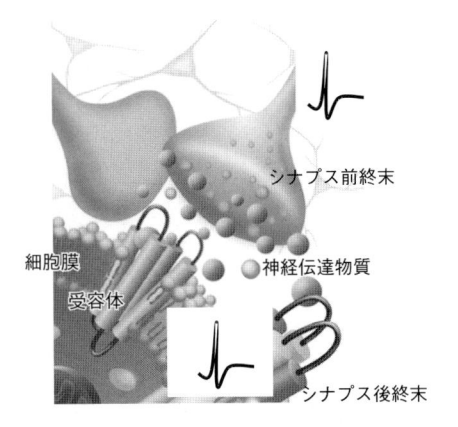

図5 シナプスにおけるシグナル変換

は取込み過程で吸収されるか，周りのグリア細胞[*2]に吸収される．最近の研究では，このグリア細胞と神経細胞の密接な関係が情報伝達においても重要であることが示唆されている．

このように，シナプスにおいて活動に伴い伝達物質が放出されていることは知られているが，シナプス小胞にどの程度蓄えられ，開裂によってどの程度放出されているのか，その放出量は確かめられていない．しかしながら，パッチクランプなどの電気的測定により，放出過程やその量をある程度推定することが可能であり，最近では，シナプス近傍に存在するグリア細胞の反応から物質放出量を推定する方法も試みられている．

一方，実際に放出量を測定しようという試みも報告されており，シナプス部位を生化学的手法で単離することにより，シナプス小胞を複数個含む大きさ600〜700 nm のシナプトソーム[*3]を採取し，その中に含まれる伝達物質の放出過程における変化が計測されている [5]．測定では，レーザートラップされた単一のシナプトソームについてラマン分光法を適用し，神経伝達物質のひとつで

[*2] グリア細胞：細胞の種類のひとつ．増殖性を有する．神経細胞の成長に必要な物質を供給したり，神経細胞と情報の授受を行うことが知られており，近年とくに注目されてきた．アストロサイトや，ミクログリアなど多型ある．

[*3] シナプトソーム：シナプス終末を小胞化したもので，大きさ 500〜600 nm，小胞内に神経伝達物質を含む大きさ 50 nm 程度のシナプス小胞を多数含む．

あるグルタミン酸についての刺激応答性放出過程を，その含有量変化から明らかにすることに成功している．

III. 受容体の構造と機能

情報伝達には伝達物質とその受容体の関係が重要であるが，これまで物質に関する計測手法を述べた．本節では，受け手である受容体に関する計測法を中心に述べる．受容体はタンパク質であり，タンパク質の形とその機能はアミノ酸の配列によって決定され，ポリペプチド鎖の最終的折りたたみ構造（コンフォメーション）は自由エネルギーが最小になるように決定される．したがって，一般的には安定なコンフォメーションはただ1つに決定されるが，タンパク質が機能するにあたり，ほかの分子と反応することによってこの構造がわずかに変化することがよくある．タンパク質の機能解析においては，アミノ酸配列を知るだけでは不十分であり，そのコンフォメーションを，またその変化を詳細に知ることが必要である．シグナル伝達を理解するうえで，細胞がシグナルを認識し伝達するはたらきを担う受容体タンパク質のコンフォメーションの変化を，その機能と関連づけて知ることは重要である．

タンパク質の構造解析の最も一般的な方法はX線結晶解析法で，これまでに多くのタンパク質の構造が決定されてきた．X線を用いて解析を行うためには，精製したタンパク質を結晶化する必要がある．すなわち，すべてのタンパク質が同じコンフォメーションをとり，隣接するタンパク質が互いに等しく配置された規則的な構造をもつ結晶をつくる必要がある．しかし，十分な品質の3次元結晶を得ることは簡単ではなく，受容体タンパク質のような複雑なタンパク質の構造に関しては，まだ十分な知見が得られているとはいえない．X線回折による構造解析は静的な解析法であり，コンフォメーションの変化を調べるためには，結晶化の段階でそれぞれの固定化を行う困難が伴う．

電子顕微鏡/電子線回折法を用いたタンパク質の構造解析も有効な解析手法のひとつである．十分な品質の3次元結晶を得ることが困難な膜タンパク質に対しても，この手法により構造解析が可能になる．この場合でも，試料を真空中に導入する必要があり，急速冷却することにより試料の変性を防いでいる．

また，多くの場合はオスミウム染色などの試料の準備が必要となり，生きたままのタンパク質と異なる可能性があることに注意しなければならない．

タンパク質の結晶化を必要としない別の構造決定法として，核磁気共鳴法（NMR）がある．NMR 分光では，精製したタンパク質の溶液を強力な磁場に置き，高周波電磁波を照射する．タンパク質中の水素あるいは炭素の原子核が周囲の電子的環境の違い，すなわちアミノ酸間の距離やその他の原子間の距離などを反映して異なる共鳴反応を示すことから，既知のアミノ酸配列と NMR のスペクトルを比較することにより，コンフォメーションに関する情報を得ることができる．しかしながら，受容体タンパク質のような大きなタンパク質に適用することはむずかしく，構成要素の機能ドメインに切断して，NMR 解析を実施することが普通である．

以上のようなタンパク質の構造解析手法はいずれも高分解能であり，小さい構造変化まで詳しく見ることができる．タンパク質内部のすべての原子位置に関する情報を得ることも可能であり，これまで多くのタンパク質の構造解析に用いられてきた．現在まで，装置や手法に関する研究や開発が進められ，より複雑なタンパク質を迅速に解析できるように研究が進んでいる．しかし，受容体タンパク質のように複雑なタンパク質で十分に解明されたものはほとんどない．これらの手法のもうひとつの大きな制限は，X 線解析同様，静的な解析手法であるということである．タンパク質が機能しているそのままの状態を解析する，すなわち動的な変化をリアルタイムで解析することは，タンパク質機能を知る上できわめて重要である．原子間力顕微鏡（AFM）は，その要求に応えうる有望な手法のひとつである．

AFM は 1984 年に Binnig らによって開発 [6] されて以来，分子・原子スケールでのイメージングに威力を発揮してきた．測定原理の詳細は次章「原子間力顕微鏡による生体材料計測」を参照されたい．AFM では，走査トンネル顕微鏡（STM）では測定できないような絶縁性の試料の測定が可能であり，真空中や大気中に限らず溶液中でも測定可能であることから，生体分子の観察にも適用されてきた．基板（たとえば原子オーダーで平坦かつ清浄なへき開したマイカなど）に固定化することで，溶液中でタンパク質をそのまま観察できる．以下に AFM を用いた膜タンパク質や受容体タンパク質の機能と構造に関する解

析例を紹介する．また，走査を高速化する [7] ことにより，ビデオレートでの観察を可能にした高速 AFM を用いたタンパク質の動的観察の例を示す．

IV. AFM による受容体の構造計測

　細胞内の情報伝達に重要な受容体タンパク質のひとつにイノシトール三リン酸受容体（IP_3R）がある．御子柴らは 1989 年，小脳プルキンエ細胞に豊富に存在し，リン酸化を受ける糖タンパク質が IP_3R であることを発見し，その全アミノ酸配列を決定した [8]．IP_3R は，カルシウム貯蔵庫である小胞体から細胞質へカルシウム放出を行う IP_3 リガンド作動性カルシウムチャネルである．カルシウムイオンは，普遍的な細胞内メッセンジャーとしてはたらくことが知られており，その濃度制御機構は細胞内のシグナル伝達においてきわめて重要である．受精，分化，ニューロンの突起伸展，脳の可塑性への関与をはじめ，欠損するとてんかんをおこすことなどが報告されている．

　X 線結晶解析により IP_3 結合サイトの詳細な構造が報告されている [9, 10]．電子顕微鏡を用いた 4 量体の立体構造に関する報告もあるものの，その大きさと複雑さから議論が続いている [11, 12]．IP_3R を介したカルシウム放出の機構については，電気生理学や細胞生理学など，多くの生物学的アプローチによる研究がなされ，さまざまな機能が明らかになってきた．カルシウム濃度によって IP_3 に対する感受性が変化することも報告されている [13] が，チャネルの開閉のメカニズムについては，現在のところまだ明らかではなく，生理的な条件下での構造変化の解明が期待されている．

　そのひとつの方法として AFM を用いた観察が報告されている [14]．図 6 に，Sf9（*Spodoptera frugiperda*；ヨトウガ）膜に過剰発現させた IP_3R を AFM で観察した例を示す．生理的条件下に近い溶液中でのタッピングモード観察により，膜（膜厚 4 nm 程度）の中央部に，直径 30 nm 程度の輝点が凝集しているのが見られる．比較的大きな輝点は，その大きさもそろっており，またその大きさからも IP_3R の 4 量体と見られる．ただし，このように受容体タンパク質を脂質膜中に強制発現させた場合，目的とするタンパク質が強制発現していることは確認されていても，必ずしも観察しているものが目的のタンパク質であると

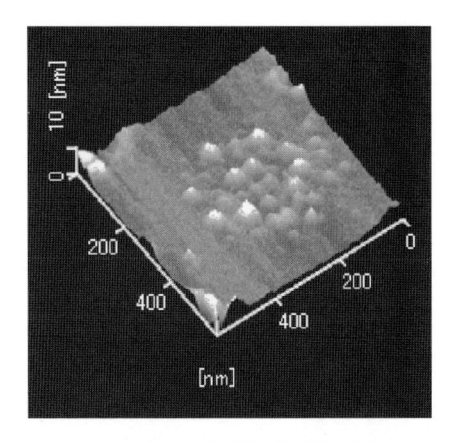

図6 Sf9（*Spodoptera frugiperda*）膜に過剰発現させたIP$_3$RのAFM像
[文献14より許可を得て転載]

は限らない．そのため，抗原抗体反応を用いて観察された構造が目的とするタンパク質（この場合，IP$_3$R）であることを確認している（図7）．具体的には，ラットのモノクローナル抗体を1次抗体としてIP$_3$Rに反応させ，金ナノ粒子（直径10 nm）を有する2次抗体を反応させることにより，輝点として観察される分子の高さ分布（4～5 nm）（図7a）が，抗体反応後に7～9 nm（図7b）に増大することから，観察された構造がIP$_3$Rであると確認している．TEM観察からも金ナノ粒子の吸着は明らかであり，IP$_3$Rに反応しない1次抗体を用いたときには，高さ変化は観察されていない（図7c）．このように，膜中タンパク質をAFMで観察する場合，観察されているものが目的対象物であるかどうか，とくに注意が必要である．

次に，マウスの小脳から抽出し，十分に精製したIP$_3$Rをマイカの上に滴下し，観察した例を図8に示す．挿入図として，3次元表示，およびIP$_3$Rタンパク質の構造モデルを，断面プロット（下図）とともに示してある．独立して存在するタンパク質の4量体と見られる構造が確認できる．このように，十分に精製した試料を，原子スケールで平坦な基板上に固定化することにより，単一のタンパク質の観察が可能となる．しかしながら，タンパク質自身のもつ大きさ（段差）が測定上の障害となり，分解能の低下や測定による試料の損傷に注意が

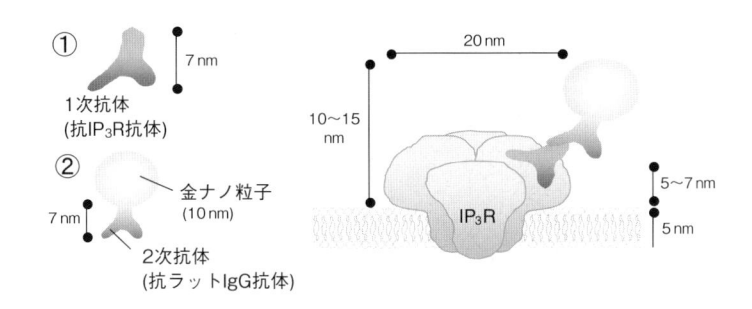

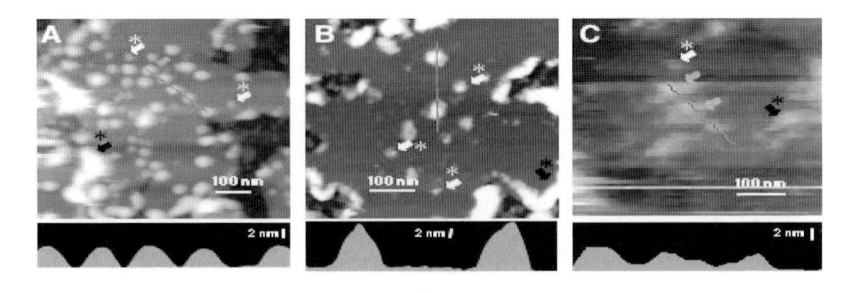

図7 金ナノ粒子を用いた抗原抗体反応によるIP$_3$Rの確認
[文献14より許可を得て転載]

必要である.タッピングモード[15]でプローブによる損傷を避けるとともに,プローブとタンパク質の間にはたらくきわめて弱い力を検出することにより,測定時のタンパク質の変形を抑える工夫が試みられているが,解析例は少なく,まだ確立していないのが現状である.さらに,このようにして得られた3次元像は,タンパク質そのものの形状だけではなく,プローブ先端の形状(ティップ形状.通常,曲率半径10 nm程度)とのコンボリューションとなっていることを考慮する必要がある.とくに,単一のタンパク質観察のように段差が大きい場合,その影響は顕著になる.溶液中では,プローブ先端と試料の間にはたらく力は単一ではなく,非常に複雑になる.近年,非接触モード(NC-AFM)を用いることにより,溶液中においても試料によっては原子分解能のAFM観察が可能であることが報告されており[16],構造変化の詳細な議論のためには,

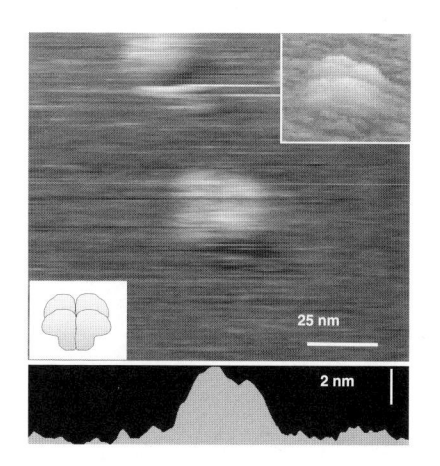

図 8 マウス小脳から精製した IP_3R の生理的条件下における AFM 像
[文献 14 より許可を得て転載]

このような高分解能観察の発展が期待される．

以上述べてきた受容体タンパク質のほかにも，AFM を用いた計測が報告されており，なかでも高度好塩菌の細胞膜に存在する光受容タンパク質であるバクテリオロドプシン（bR）[17] についての報告が多い．bR を含む膜は，その色から紫膜とよばれており，脂質膜中で 3 量体を 1 ユニットとして六方状に配列され，2 次元結晶を構成する．bR は，248 個のアミノ酸残基から構成される比較的小さな膜タンパク質で，電子線回折法 [18] や X 線結晶解析法 [19] によって詳細な 3 次元立体構造が明らかになっている．bR は，安定で平坦な表面を形成することから，AFM 観察には適した膜タンパク質で，多くの結果が報告されている．とくに，AFM プローブを用いたフォース・スペクトロスコピーは，AFM の生体解析応用に有望なもののひとつであり，単分子レベルの力学物性に威力を発揮することが期待されている [20]．

V. 受容体タンパク質の動的観察

 一方，構造と機能の対応を検討する上では，動的な変化をリアルタイムで観察する必要がある．受容体タンパク質などの生体分子が機能する際に伴うコンフォメーションの変化を，詳細な映像として手に入れることは，その機能を十分に理解する上でも欠かせないことである．AFM は，生理的条件下に近い溶液中で測定が可能なことから，動的な観察に期待されていたが，通常の AFM イメージの測定には，数十秒から数分の時間を要し，ゆっくりと進行する変化を追跡するのに限られていた [21]．

 近年，安藤らによって AFM のカンチレバーやスキャナーをはじめとするデバイスの高速化に向けた最適化がなされ，さまざまな対象についてビデオレートでのイメージングが可能となってきた [7, 22]．基板に吸着したミオシン V にアクチンフィラメントが結合したのち運動している映像（図 9c）のほか，Gro-EL と Gro-ES（シャペロニン）の結合過程の映像（図 9f）などが示されている．また，アビジン・ビオチン反応を利用した DNA の結合と解離についての動きも画像化されている [22]．

 従来，AFM 観察のためには試料を基板（たとえばマイカ）に固定化する必要があった．プローブが走査する間，目的とする試料は安定にその場にとどまっていなくては観察することができない．しかし，高速で走査する場合，その場にとどまる時間はごく短い時間で事足りるようになる．たとえば，短い DNA（1 kb 程度）の場合，基板（マイカを使った場合）との結合力はそれほど強くなく，AFM 観察でプローブを走査するあいだに簡単に移動してしまい，従来の AFM で観察することは容易ではなかった．あるいは，観察を行うためには，十分な結合力が得られる基板や溶液の条件を整える必要があった．しかし，走査速度の高速化は，基板に十分に固定化せず容易に移動するような試料の観察を可能にした．別な言い方をすれば，観察可能な基板や溶液などに自由度が増し，実際に生体分子の機能が発現するような環境を選んだり，環境に対する反応を観察したりすることが可能になってきた．また，短時間で広い領域を観察することが可能になり，作業効率が増加するとともに，これまでは追跡するこ

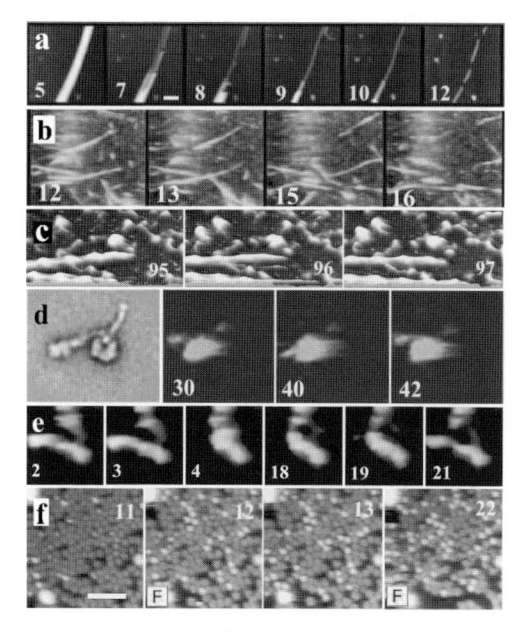

図 9　高速 AFM による分子運動のビデオレートイメージング

アクチンフィラメントやモーター蛋白質などの動きが映像化されている．(c) では，基板に吸着したミオシンにアクチンフィラメントが結合し，運動している様子を示す．[文献 7a より許可を得て転載]

とが困難であった現象へのアプローチが期待される．

　さらに，受容体タンパク質の刺激応答に伴うコンフォメーションの変化の計測に対する高速 AFM の適用も検討されている．光の照射などの外的刺激に対する反応や，リガンドの結合，溶液のイオン濃度の変化に対する構造変化を，ナノスケールで動的解析することにより，受容体タンパク質の機能と構造に関する理解が進むものと期待されている．しかしながら，一般的な受容体タンパク質の大きさは，数〜10 nm 程度で，大きいものでも 20 nm 程度しかなく，詳細なコンフォメーションの変化をとらえるためには，分解能が現状ではまだ十分とはいえない．また，場合によっては，タンパク質の機能や動きに AFM プローブが与える影響も無視できなくなる．試料に与える力のさらなる低減も求められる．情報伝達のためのタンパク質の反応時間は，たとえばイオンチャネ

ルの開閉を例にとると，マイクロ秒からミリ秒のオーダーであり，反応途中の段階を見ることは現状では不可能である．プローブが与える影響を少なくしつつ，さらに高速化（時間分解能の向上）が進めば，反応に伴うコンフォメーションの変化を観測することも可能となり，より詳細に構造と機能の相関を理解するために有効であると考えられる．

VI．神経ネットワークの機能計測

前節では，受容体タンパク質に関する分子レベルでの解析手法について述べた．本節では，その集合体である細胞レベル，さらには複数の細胞が集まって形成されるネットワークレベルでの解析手法について述べる．

神経活動の計測には，電気的計測と，神経伝達物質計測，時空間分布計測が必要である．一般的な手法として，蛍光色素を用いた光計測が簡便で多く用いられている．代表的なものに，Fluo-3 や 4 などのカルシウムイオンに特異的に結合する蛍光プローブを用いた細胞内カルシウム計測がある．蛍光プローブには，このようなカルシウムのほか，ナトリウムやカリウム，マグネシウムに対するものが作製されており，さまざまな細胞に対して使用されている．蛍光色素のクエンチング（消滅）があり，長時間の測定には向かない点や，蛍光色素自身の細胞に対する毒性，蛍光物質を加えることに対する生理的変化などの欠点を除けば，蛍光強度も比較的強く，イオン濃度の変化に対してリニアに蛍光強度が変化するものが多いため，蛍光強度の変化から直接イオン濃度変化が測定可能であり，ほかの手法に比べ比較的容易に計測できる利点を有する．一例として，図10にカルシウム蛍光プローブで染色した神経ネットワークの活動を示す．細胞内カルシウムは電位依存性のカルシウムチャネル（voltage gated calcium channel；VGCC）の存在により，細胞の電気活動と同期して変化する．すなわち，細胞電位が脱分極し，細胞活動が活性化されると，VGCCを通してカルシウム流入がおこる．したがって，細胞内カルシウム濃度変化をモニターすれば，神経電気活動をある程度推測することが可能である．

一方，電気的計測では，多点微小電極を用いた計測が行われている [23-25]．一般的な電気計測法であるパッチクランプ法や微小電極法では，単一の細胞，

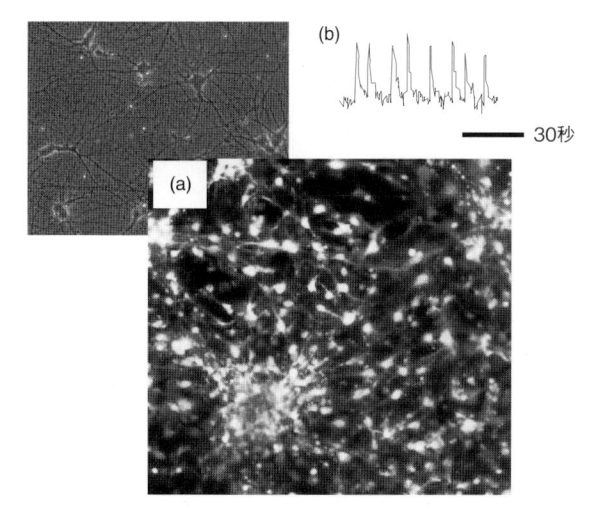

図 10　カルシウム蛍光プローブによる神経ネットワーク活動イメージング
(a) カルシウム蛍光プローブで染色した神経ネットワークを示す．細胞内カルシウム濃度が高いほど，明るく光る．(b) 神経活動に伴い，周期的にカルシウム濃度が変化するため，明滅する(a)．➡口絵 7 参照

もしくは多くても 4〜5 個からなる複数個の細胞の電気活動を測定できるが，それ以上は不可能に近く，針型あるいは平面型の多点微小電極法が有効である．

　神経ネットワークの形成は，組織より単離した細胞から再生したものと，分化発生に伴って形成されるものに大別される．ここでは，前者を対象に話を進める．酵素でバラバラに単離した神経細胞を培養すると，培養直後から神経線維を伸ばし，およそ 3〜5 日で細胞活動が観測され始める．培養後，10 日あたりから複数の計測ポイントでそれまでランダムであった信号が同期し始め，単離された神経細胞同士の間で，シナプスが形成され始めていることがわかる．その後，信号は徐々に強められ，明らかな信号はおよそ 3 週間程度から観測される．シナプスが成熟し始めると，同期した活発な周期性の信号が観測され，ネットワークが完成に向かう．最初長かった周期も，シナプスの成熟に伴い徐々に周期が短くなり，図 10 に示すような周期性の神経活動が見られる．このような神経ネットワークの性質は，外部からの刺激によって変化し，可塑的

な変化を示す．テタヌス刺激*4のような強い密な刺激が加わると，刺激前後で刺激に対する応答が変化し，同じ入力に対し，長期間にわたって強い反応を示す長期増強（long-term potentiation；LTP）や，長期間にわたって弱い反応を示す長期抑圧（long-term depression；LTD）が観測される．これらは，記憶・学習の基本的性質であると考えられている．

ネットワークは複雑で，興奮性と抑制性のシナプスがそれぞれ神経活動を活発化・抑制化しており，各々の役割を担う細胞をリアルタイムで同定することがむずかしいため，そのメカニズムについてはまだまだ不明な点が多い．近年では，遺伝子操作技術も進み，特定の細胞のみにGFPなどの蛍光タンパク質を発現させる手法も比較的容易に実現可能となった．緑色のマウスなどはその例であり，特定の機能を有する細胞のみを発色させることが可能になってきた．今後，このようなマウスを利用した研究が進み，ネットワークの解明も急速に発展するものと期待される．

●おわりに

以上，神経ネットワークというテーマで，神経細胞およびその構成要素である受容体の機能計測に関する技術とその解析手法について紹介するとともに，関連した研究を紹介した．近年，ナノテクノロジーとバイオテクノロジーを融合したナノバイオテクノロジーに対するさまざまな試みが行われている．本章で紹介した研究もこのような融合技術により，急速に発展してきている．今後，いままで解明することが困難であったさまざまな問題点を克服する上できわめて重要な技術になるものと確信していることを述べて，本章を終えたい．

文献

[1] Kindt, R. M., Lander, A. D.: *Neuron*, **15**, 79-88 (1995)
[1a] Zigmond, M. J. *et al.*: Fundamental Neuroscience, Academic Press (1999)
[2] Kuhn, T. B., Schmidt, M. F., Kater, S.B.: *Neuron*, **14**, 275-285 (1995)

---

*4 テタヌス刺激：記憶・学習の基本的原理であると考えられている長期増強（LTP）や長期抑圧（LTD）などのシナプス可塑性をひきおこす電気刺激．100 Hz 1秒などの高頻度でくり返す刺激を指す．

[2a] Kleinfeld, D. et al.: J. Neurosci., **8**, 4098-4120 (1988)
[3] Hirono, T., Torimitsu, K., Kato, K., Fukuda, J.: Brain Res., **446**, 189-194 (1988)
[4] Torimitsu, K., Kawana, A.: Dev. Brain Res, **51**, 128-131 (1990)
[5] Ajito, K., Torimitsu, K.: Lab on a chip, **2**, 11-14 (2002)
[6] Binnig, G., Quate, C. F., Gerber, Ch.: Phys. Rev. Lett., **56**, 930-933 (1986)
[7] Ando, T., Kodera, N., Naito, Y., Kinoshita, T., Furuta, K., Toyoshima, Y. Y.: Chem. Phys. Chem., **4**, 1196-1202 (2003)
[7a] Ando, T., Uchihashi, T., Kodera, N., Miyagi, A., Nakakita, R., Yamashita, H., Sakashita, M.: Jpn. J. Appl. Phys., **45**, 1897-1903 (2006)
[8] Furuichi, T., Yoshikawa, S., Miyawaki, A., Wada, K., Maeda, N., Mikoshiba, K.: Nature, **342**, 32-38 (1989)
[9] Bosanac, I., Alattia, J. R., Mal, T. K. et al.: Nature, **420**, 696-700 (2002)
[10] Bosanac, I., Yamazaki, H., Matsu-Ura, T., Michikawa, T., Mikoshiba, K., Ikura, M.: Mol. Cell, **17**, 193-203 (2005)
[11] Hamada, K., Terauchi, A., Mikoshiba, K.: J. Biol. Chem., **278**, 52881-52889 (2003)
[12] Sato, C., Hamada, K., Ogura, T., Miyazawa, A., Iwasaki, K., Hiroaki, Y., Tani, K., Terauchi, A., Fujiyoshi, Y., Mikoshiba, K.: J. Mol. Biol., **336**, 155-164 (2004)
[13] Michikawa, T., Hirota, J., Kawano, S., Hiraoka, M., Yamada, M., Furuichi, T., Mikoshiba, K.: Neuron, **23**, 799-808 (1999)
[14] Suhara, W., Kobayashi, M., Sagara, H., Hamada, K., Goto, T., Fujimoto, I., Torimitsu, K., Mikoshiba, K.: Neurosci. Lett., **391**, 102-107 (2006)
[15] Hansma, P. K., Cleveland, J. P., Radmacher, M., Walters, D. A., et al.: Appl. Phys. Lett., **64**, 1738-1740 (1994)
[16] Fukuma, T., Kobayashi, K., Matsushige, K., Yamada, H.: Appl. Phys. Lett., **87**, 034101-034103 (2005)
[17] Oesterhelt, D., Stoeckenius, W.: Methods Enzymol., **31**, 667-678 (1974)
[18] Grigorieff, N., Ceska, T. A., Downing, K. H., Baldwin, J. M., Henderson, R.: J. Mol. Biol., **259**, 393-421 (1996)
[19] Luecke, H., Schobert, B., Richter, H. T., Cartailler, J. P., Lanvi, J. K.: J. Mol. Biol., **291**, 899-911 (1999)
[20] Oesterhelt, F., Oesterhelt, D., Pfeiffer, M., Engel, A., Gaub, H. E., Muller, D.

J.: *Science*, **288**, 143-146 (2000)
[21] Rotsch, C., Radmacher, M.: *Biophys. J.*, **78**, 520-535 (2000)
[22] Kobayashi, M., Sumitomo, K., Torimitsu, K.: *Ultramicroscopy*, 印刷中 (2006)
[23] Tobias, N., Shimada, A., Torimitsu, K.: *J. Neurosci. Methods*, 印刷中 (2006)
[24] 鳥光慶一：バイオテクノロジージャーナル, **5**, 165-169 (2005)
[25] Jimbo, Y., Kasai, N., Torimitsu, K., Tateno, T., Robinson, H. P. C.: *IEEE Trans. Biomed. Eng.*, **50**, 241-248 (2002)

Chapter 10

計測・解析技術

原子間力顕微鏡による生体材料計測

猪飼　篤

I. 原子間力顕微鏡について

　原子間力顕微鏡（atomic force microscope；AFM）は先端を原子・分子サイズの大きさにまで尖らせた細い探針を試料表面に数 nm 以下の距離まで近づけて探針先端と試料の間にはたらく相互作用力を測定する装置である．以下にその動作原理を説明するが，詳しくは文献 [1,2] を参照されたい．

　図1に示すように，原子間力顕微鏡は平坦な基板に固定した試料を対象とする顕微鏡なので，①基板を搭載する試料台，②その上に固定した基板と試料，③これに直接接触する探針，④探針を固定してあるカンチレバー，⑤カンチレバーを固定したカンチレバー基板，という組み立てとなっている．探針を固定した基板または試料台はピエゾモーターに接続してあるので，これに適当な電圧を印加することにより探針と試料間の距離を変化させられる．探針-試料間距離を近づけていくと，両者の間に静電気力，ファンデルワールス力などに起因する引力あるいは斥力がはたらき，探針が試料側に引き寄せられたり，遠ざけられたりする．探針は柔らかいカンチレバー（板バネの一端を固定したもの

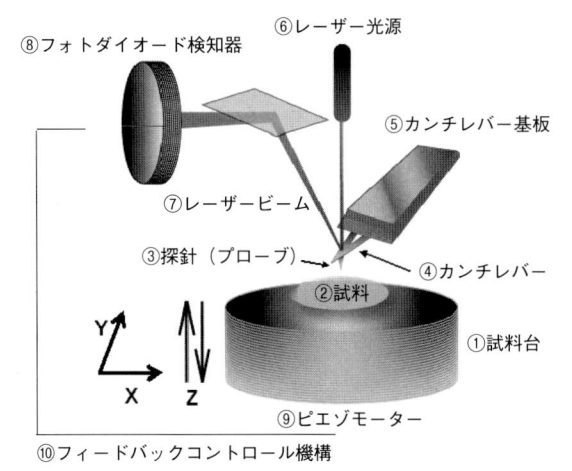

図1 原子間力顕微鏡の仕組み

原子間力顕微鏡は力学的な方法で試料に接触してその表面を左右に走査することにより試料表面の凹凸を等高線として映像化する道具である．その心臓部は，探針と試料の相互作用力をカンチレバーの反りとして検知する，カンチレバーからフォトダイオード検知器に至る部分である．基板を搭載する，①試料台，その上に固定した基板と②試料，これに直接接触する③探針，探針を固定してある④カンチレバー，⑤カンチレバーを固定した基板，カンチレバー背面に入射する⑥レーザー光源，⑦レーザービーム，レーザービームの反射方向の変化を検知する⑧4分割フォトダイオード，試料台を上下・左右に動かす⑨ピエゾモーター，カンチレバーの変位を一定値に保つための⑩フィードバックコントロール機構などからなる．

で，片持ち梁ともよぶ）の自由端に固定されているので，引力，斥力によりバネが下向きあるいは上向きに変位する．この変位量が探針-試料間の相互作用力に比例するので，この変位をレーザー光を照射してその反射方向を測定する光てこ方式，入射光と反射光の間の干渉を利用する光干渉法，あるいは電気容量法などの方法で検知する．カンチレバー自身にピエゾ素子を組み込んで変位を電圧変化として検知する方法も用いられる．

これらの方法により，上下の変位を0.1nm程度の精度で測定すれば，カンチレバーのバネ定数を0.01 nN/nmとして，1pNの相互作用力を測定することができる．現在では0.01nmの変位測定，0.001nN/nm以下のバネ定数をもつカンチレバーを使って数十fNの相互作用力の測定も行なわれている．図1には，⑥レーザー光源，⑦カンチレバー背面に入射し，反射するレーザービーム，⑧反

射光を受けて4分割受光面への入射光の差を出力するフォトダイオード検知器，⑨試料台を上下左右に動かすピエゾモーター，⑩カンチレバーの変位をできるだけ一定値に保つために試料台を上下に動かす電圧を供給するフィードバックコントロール機構，が示してある．

　カンチレバーの変位をできるだけ一定に保つためには，試料台下部（カンチレバーホルダー内に設置されている場合もある）に設置されているピエゾモーターを上下に動かし，カンチレバーからの反射光の位置が一定に保たれるようにする．このために，反射光の微小な位置変化をすばやく察知してピエゾモーターを動かすフィードバックコントロール機構がダイオード光検知器とピエゾモーターへの電力供給回路の間ではたらいている．

　図1で示したように，フォトダイオードは上下に2個，あるいは上下・左右に4個配置されており，バネの変位がゼロのときは上下・左右のフォトダイオードへ入る光の量を均等にして，4個のフォトダイオードの出力電圧が等しいように設定する．探針-試料間に斥力がはたらいてバネが上方に変位すると，4分割フォトダイオードの上側の2個に入射する光の量が多くなり，出力電圧が大きくなる．そこでこの出力電圧が再びゼロとなるように試料を載せた試料台を下げると，その下げた距離で実はその地点において試料表面が平坦面からどのくらい上方に凸になっていたかを知ることになる．こうして，4分割フォトダイオードの上下の出力差がゼロとなるように試料台を上下しながら試料台か探針のどちらかを x, y 平面内でスキャンすると，試料表面の凹凸を等高線図として得ることができる．試料台の上下・左右の動きは試料台の下に組み込んだピエゾモーターによって行う．試料台を固定して探針を左右・上下に動かす場合は，ピエゾモーターの下部に探針をつける．こうして得られた試料の等高線図をコンピュータにより擬似3次元図などに出力して原子・分子レベルの解像度をもつ映像を得る．

　この方法がもっとも基本的な探針-試料間の斥力を利用した試料映像化法であり，接触型（contact mode）のAFM利用法である．カンチレバーの背面は反射率を高めるために金あるいはアルミニウムでコートしてある．反射光の方向はカンチレバー先端の勾配の変化をフォトダイオード検知器に伝えるが，これは先端の上下方向の変位に比例する．フォトダイオード検知器の出力電圧とカ

ンチレバーの上下変位量を関係づけるためには，硬い試料表面に探針を押し付けて，ピエゾの移動量を印加電圧と伸びの関係から算出し，そのときのフォトダイオード出力と関係づける検定実験を行う．

接触型 AFM では探針がまさに試料表面に接触して左右に移動するので，探針-試料間に摩擦力がはたらく場合は，バネが上下だけでなく左右にもねじれることになる．4分割フォトダイオード検知器はこの左右へのバネのねじれをも検知するので，摩擦力顕微鏡としても使用される．探針-試料間の相互作用が大きいと，柔らかい試料は探針により損傷を受けやすくなるので，探針-試料間の接触時間を短くして，探針が試料から離れている間に探針が横移動するようにしたタッピング法（tapping mode）が開発され，とくに生体試料関係では愛用されている [3]．さらに進んだ方法として，図2に見るように探針-試料間に斥力がはたらくより遠い距離で作用しているファンデルワールス引力を検知して試料表面の凹凸を測定する非接触型（non-contact mode）がある [4]．図2には原子・分子間エネルギーとして一般的に用いられている Lennard-Jones 型ポテンシャルを図示する．距離に関してエネルギーの一次微分に相当するのが相互作用力である．

図2のポテンシャルは相互作用している粒子間の距離に比してそれぞれの半径の小さい球の間にはたらくものとして表されているので，AFM のように探針-試料間距離が探針先端や試料の大きさより小さい場合には，それぞれの大きさについて積分した形となる [5]．これらの図が示すように，引力領域は広いが，斥力に比較して力そのものやその z 依存性が小さいので，機器開発に時日を要したが，探針をつけたバネをその固有振動数で励振しながら試料に近づけていき，引力領域に入るとその振動数が引力の距離微分に相当する小さい変化を示すようになることを利用して，探針-試料間の距離を測定できるようになり，現在はかなり普及している．

以上のように，AFM では探針-試料間にはたらく力を測定できるので，試料表面の映像をとるだけでなく，測定される力そのものを記録するフォースモード（force mode）がよく使われるようになっている．とくに生体関連分野ではこれまで分子レベルの相互作用力を直接測定する方法がなかったので，新しい知見をもたらす方法として，その使用方法や得られた測定値の意味づけが熱心

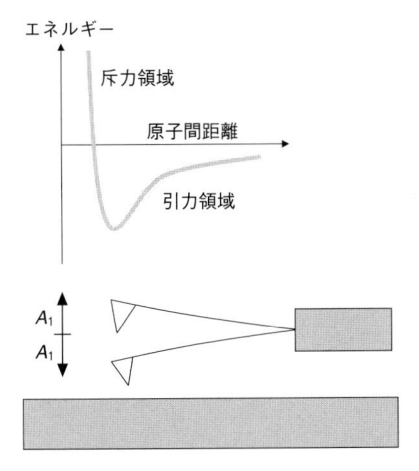

図2 Lennard-Jones 型ポテンシャル

ファンデルワールス引力と交換斥力をまとめて分子間相互作用エネルギーを表すポテンシャル曲線と，その距離に関する一次微分にあたる相互作用力．非接触 AFM では探針が試料に接触する前にはたらくファンデルワールス引力を検知することを目的として，探針を固有振動数付近で励振しながら試料に近づける．探針が Lennard-Jones 型ポテンシャルの引力領域に入ると，振動数がポテンシャルの二次微分，力の一次微分量だけわずかに減少する．この振動数変化を検知して探針と試料が接触する前に試料表面の凹凸を等高線図として画像化する．空気中，液中では励振の効率が劣化するので，非接触 AFM は真空中での測定用に進化したが，最近は空気中，液中で動作する機種が開発されている．

に行われている．本章では，以下にフォースモードを利用して行われている生体試料の力学的性質の測定について述べることにする．

　フォースモードで得られるデータは，図3に示すようなフォースカーブである．この図で，フォースカーブの右端は探針と試料が十分離れた距離にある場合で，横軸は探針-基板間距離であり，縦軸は中央をゼロとしたバネの z 方向変位を表す．前述したように，上方変位（斥力）が（+），下方変位（引力）が（−）である．横軸を左に進むと探針-基板間距離が縮まっていき，②の点で探針は試料表面に接触する．そのまま探針-基板間距離を縮めていくと，探針は図3のグラフ上で勾配が −1 の直線（あるいは図で示した角度 α が 45°）をたどる．③の点でピエゾモーターを逆に動かして探針を基板から離していくと，グラフは④の点まで元来た道を引き返し，さらにアプローチ時とまったく同じ水平線に沿って，⑥を経て①まで戻る．以上の経過は，試料が硬く探針を押し付けても

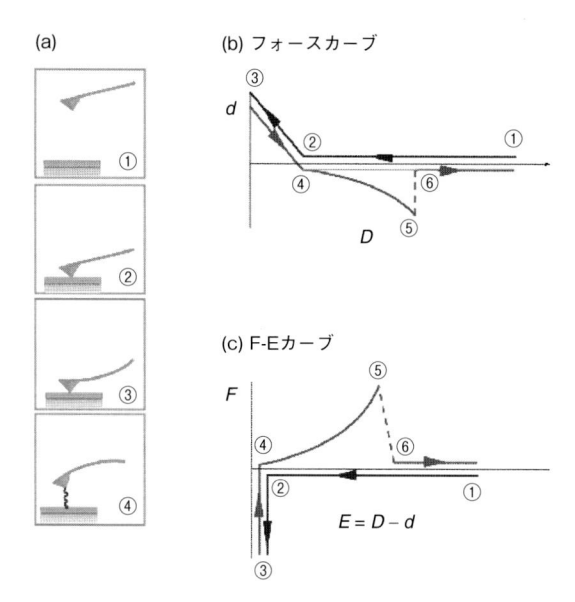

図 3　AFM で得られるフォースカーブの例

(b) と (c) では，横軸に試料台あるいはカンチレバーホルダーを動かすピエゾモーターの上下方向への移動距離 (D) をとり，縦軸にカンチレバーの上下変位量 (d) をとっている．(a) と (b) の丸付き数字はほぼ対応した状態を表している．(b) の右端①では探針と試料は離れており，しだいに試料に近づくが接触していない部分ではフォースカーブは水平であり，カンチレバーの変位はない．②で探針は試料と接触し，さらに左へ進むと（ピエゾモーターをさらに動かすと）カンチレバーは上方変位をする．試料が硬いとピエゾモーターの移動距離とカンチレバーの変位量が等しいので，フォースカーブの勾配は -1 である．カンチレバーの変位 (d) と試料の変形 (E) の和がピエゾの移動距離 (D) に等しくなるので，フォースカーブの勾配はゆるくなる．硬い試料表面で得たフォースカーブとの差が試料の変形量 (E) を与える．左端からピエゾモーターの移動方向を反転して探針を試料から離す方向に動かすと，④までは探針と試料が接触したままであり，④で探針が試料から離れるとカンチレバー変位は自由位置となり，図では水平に④から⑥→①と細線に沿って移動する．試料に粘着性があると，④→⑤→⑥のように下方変位がみられる．(c) は，(b) で得られるピエゾの移動距離 D とカンチレバーの反り d の差として試料の伸び E を求め，横軸を E とし，縦軸を $F = k \times d$ として得られる相互作用力をプロットした，force-extension (F-E) カーブである．

変形せず，また探針-試料間に相互作用力がはたらかない理想的な場合である．
　試料が弾性変形をする場合，塑性変形がある場合，探針-試料間に遠距離から強い引力や斥力がはたらく場合，両者の間に粘着力（吸着力）がはたらく場合，探針からの印加力で試料が破壊される場合などは，図3とは異なるいろいろな

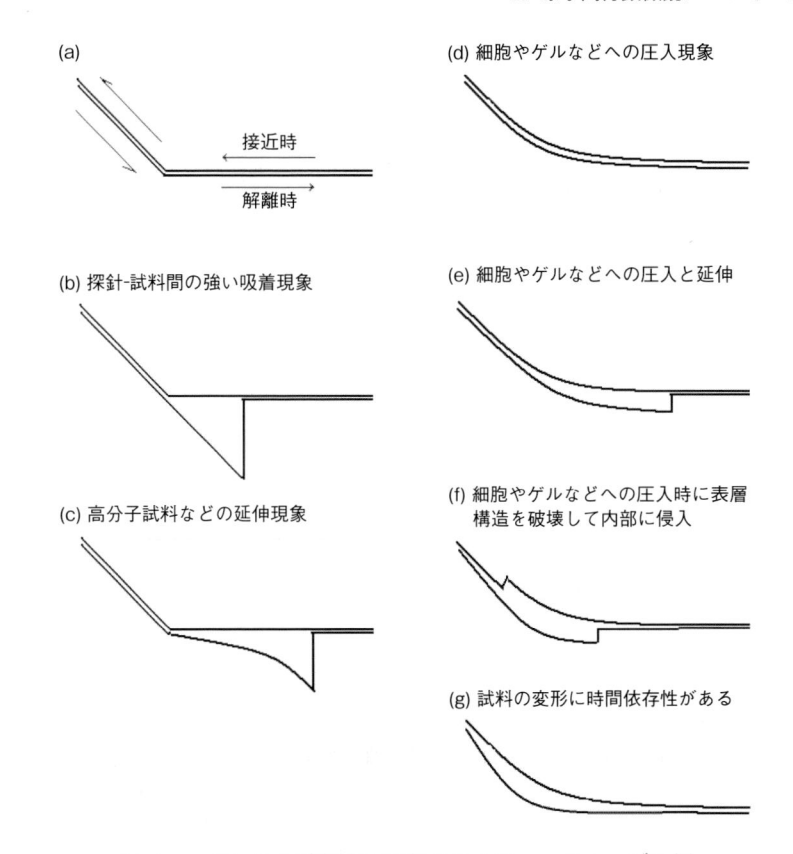

図 4　いろいろな試料表面で得られるフォースカーブの例
(a) 硬い試料表面で吸着性のない場合．(b) 硬い表面で吸着性が強い場合．(c) 高分子鎖など，探針に吸着した試料が張力により伸びる場合．(d) 細胞やゲルのように柔らかい試料表面で吸着力のない場合．(e) 細胞やゲルへの探針圧入後，試料が探針に吸着して引き伸ばされてくる場合．(f) 試料への圧入により試料表面が破壊され，さらに圧入が進行する場合．引き抜き時には吸着性が見えている．(g) 細胞やゲルへの圧入時に試料の変形が時間依存性をもつ場合（粘弾性）．

特徴をもつフォースカーブが得られる．図4にいくつかの典型的なフォースカーブの例をあげる．生体試料は柔らかく，弾性変形と塑性変形の双方の特徴をもち，吸着性の高い試料が多いので，試料表面で得られるフォースカーブの解析には注意を要することが多く，ある程度の理論的背景と経験が必要となる．

II. どのような測定が必要か

　生体試料の力学的性質に関してどのような測定が期待されているだろうか．細胞より小さいレベルの生体構造は小さく，柔らかく，緩和にあまり時間のかからない非共有結合性の相互作用で作られているものが多いので，従来はその力学的性質にはあまり注意が向いていなかった．なぜなら，このような系は力学的緩和過程が比較的早くおこるので，生物的時間の範囲では内部に応力が残ることはなく，ほとんどの場合，系全体の性質は熱力学的平衡論でおよそ説明がつくからである．そこで，生体分子間相互作用は通常，平衡定数（すなわちギブズエネルギー）をパラメータとして理解すれば十分であった．そこへあえて力学的測定を持ち込む理由の第1は，もちろんタンパク質やDNAの単一分子レベルの物性測定ができるようになったという新分野の開拓にある．第2には，従来の生物学では時間をかけて自然に生じる現象を観察するのがおもな研究手段であったところへ，ナノテクノロジーの進歩により，外部から人工的な操作を加えることができるようになったので，自然におこる確率の低い現象を力学的な操作によって生じさせ，その後の経過を観察するという新しい研究手段が取り入れられ始めた点にある．簡単に言うと，自発的に壊れるのを待つことから，力を加えて「壊す」という研究手段へと手段が拡大したわけである．

　新しい実験方法を用いると，DNA溶液を加熱して二重らせんを自発的に壊すのではなく，単一分子，DNA分子を両端から引き伸ばしてそのときの延伸長さと張力の関係を調べるという，材料科学分野で行われている応力-歪み（ストレス-ストレイン）関係に対応する実験ができるわけである．このような実験は，従来は多数のDNAやタンパク質分子が繊維状に並んだものを試料として巨視的な方法で行われており，巨視的なレベルでは生体材料について貴重なデータを提供してきたが，これを単一分子レベルで行うことにより，より直接的な分子構造と材料物性の関係を解析しなおすことが可能となる．また酵素のような球状タンパク質に関しては，結晶や溶液を対象とした巨視的な測定を基に個々の分子の力学的性質を抽出するにはいくつかの仮定をする必要があるため，結果の信頼性には疑問があった．酵素は単一分子としてはたらくのが原則

であるから，その物性を機能と関連づけて理解するためには，物性を単一分子について測定する必要がある．

酵素分子は図5に示すように，アミノ酸が数百個重合した高分子であり，1つの分子に内部と表面がある立体構造を単一分子内のセグメント間の非共有結合的な相互作用によってつくっている．非共有結合でできたこの立体構造は，常温より数十度高い温度環境下や，立体構造に比較的温和な影響を与える化学試薬（変性剤）の存在により破壊される．破壊されても共有結合による高分子としての構造は残るので，溶質と親和性の高い良溶媒中に溶けたポリエチレンやポリスチレンの高分子鎖と同じように，いわゆるランダムコイル鎖となる．一般には，ランダムコイル鎖となった酵素には生体触媒という機能はない．酵素活性をもつためには，ランダムコイル鎖のような柔らかい構造ではなく，ある程度の硬さをもつ立体構造が必要である．そうかといって酵素は岩のように硬いわけではなく，せいぜい人工高分子の結晶程度，あるいはそれ以下の硬さをもつと考えられる．われわれは酵素機能を発現するためにタンパク質がもつべき硬さを，たとえばヤング率というような数字として知りたい．Emile Fisher

図 5　酵素分子の基本構造

酵素は 20 種類のアミノ酸が脱水縮合してできたポリペプチド鎖である．20 種類のアミノ酸が 100 個ランダムな配列でつながった場合，20^{100} という膨大な数の配列が可能となる．図の炭酸デヒドラターゼの場合は 259 個のアミノ酸が一列につながった高分子鎖からなるが，その形はひも状ではなく，コンパクトに丸まった球状構造をとっている．このような立体構造を完成してはじめてタンパク質は生物機能を発現する．

提案の，鍵と鍵穴によるタンパク質-リガンド間結合の特異性の説明は，タンパク質についてある程度硬いというイメージを与えた．その後，Daniel Koshland によって提唱され，広く受け入れられた induced fit 説によれば，タンパク質はリガンドと結合する際に自身の形を相手に合わせて変えることのできる比較的柔らかい立体構造をもつと考えられている．しかし，その硬さが数字として語られる機会は少ない．そのような測定がきわめて少数の例しかないからである．酵素はリガンドと結合してその形を変えると，以前に増して硬くなるともいわれているが，実際に硬さ変化を測定した例はないといってよい．

　生化学におけるこのような硬さ・柔らかさを表す数値の欠如という現状は，AFM を使う力学的実験の開始により大きな変革を受けようとしている．AFM を使うと，生理的溶媒条件を保ったまま，この立体構造を単一分子レベルで破壊することができる．力をかけて破壊することができれば，その分子の硬さまたは丈夫さを知ることがきる．例をあげると，高分子としてのタンパク質や DNA の両端に逆向きの張力を加えることにより，その構造を両端から引き伸ばして破壊することができ，その際の張力と分子の伸びの様子を記録することができる．この張力と伸びの関係から，ある酵素がどのくらいの硬さをもつのか，あるいはその硬さは分子内部で一様なのか，そうではなく分子内部に局所的な硬さの分布があるのか，というような疑問に答えられることが要求される．引っ張るだけでなく，酵素の球状構造を押しつぶしてその硬さを知るという実験も可能である．

III．どのような測定ができるか

　AFM などの微小相互作用力測定装置にはどのような測定対象があるかを下にあげてみる．これらは筆者が経験から思いつく例なので，ほかにも面白い対象はいろいろあると思われる．基本的には，生体試料を対象にして生物学的に意義のある測定を考えると，相互作用力の測定というテーマになる．生物学は共有結合でできた高分子間の相互作用によって情報伝達が行われ，細胞を生きた状態に保っている．タンパク質やDNA，細胞を中心としてAFMによる測定の対象となりうる相互作用をあげてみると，次のような例が研究されている．

基本的にはこういう相互作用を単一分子レベルで測定したい．なぜなら，生物学では局所的な少数分子による反応が重要な役割を果たすからである．熱力学的な測定では，ある特定な分子がほかの分子と相互作用しているかどうかはわからない．そこで単一分子観察法が発達した．しかし，見るだけではなく，実際に相互作用していることを確かめるには，引っ張ってみるという単純な力学的操作が欠かせない．現在までに行われている測定には次のようなものがある．

(1) DNAや単一高分子などランダムコイル状高分子を両端から引き伸ばして張力と伸びの関係を詳細に調べ，エントロピー力の大きさ，平均持続長などのパラメータを実測する．

(2) 上の方法を球状タンパク質に適用すると，張力によって立体構造が破壊される過程と，破壊するのに要する力を測定することができる．また，単一タンパク質分子を圧縮する方法でタンパク質分子のヤング率を決定することができる．

(3) 抗原抗体反応など，広い意味での受容体とリガンドの結合を引き離すのに要する力を測定することにより，相互作用力の強さを比較して相互作用の特異性を単一分子レベルで明らかにする．この方法を利用して，分子種の同定を単一分子レベルで行なうことが可能となる．

(4) 生体膜に埋め込まれている膜タンパク質を引き抜くことにより，膜タンパク質を脂質膜に固定している相互作用力を測定する．この結果は，膜タンパク質の採集や細胞膜上での存在をマッピングする方法へと発展させ，単一細胞の生理的・生化学的状態を経時的にモニターすることが可能となる．

(5) 染色体から位置特異的に遺伝子DNAを採取してその塩基配列を決定する．

(6) 細胞膜に穴をあけて細胞質内へ探針を挿入し，細胞内へ遺伝子DNAなどの機能分子を注入したり，また細胞質からmRNAなど機能分子を採集することができる．

(7) 染色体の凝集構造を力学的に引き伸ばして映像化し，その凝集機構を解明する．

(8) 細胞の硬さ，柔らかさの分布を調べ，その変化を細胞周期や病態と関連づける．

(9) AFMあるいはカンチレバー力学を利用したセンサーが開発されているの

で，ごく微量のタンパク質やDNAを迅速に同定することが可能となっている．
(10) 細胞変形と印加力の関係を定量的に測定することにより，赤血球などの変形能力を解明する．

IV．タンパク質の硬さ，柔らかさ

　前項で述べたように，タンパク質には線維状タンパク質と球状タンパク質があり，力学物性がその機能発現に貢献する意味が両者で異なる．コラーゲンやフィブロインという線維状分子は分子が寄り集まって束を作ってロープのような構造で，張力に対して抵抗するという生体機能を発現している．現在までに使用されているタンパク質分子の硬さの測定例には以下のようなものがある．

(1) 絹，コラーゲンのような繊維状生体構造の巨視的な試料を準備して，その両端に張力を印加して伸びを測定するという材料試験の方法をそのまま応用する [6]．
(2) アクチン繊維のように，タンパク質分子の重合体としての繊維構造を，単一繊維レベルで引き伸ばし，求めた繊維構造としてのヤング率から構成タンパク質分子のヤング率を求める [7]．
(3) タンパク質の結晶（巨視的大きさ）を長方形に切り出して，その材料力学的性質の測定から構成タンパク質分子のヤング率を算出する [8]．
(4) surface force apparatus によりタンパク質を一様に吸着させた円柱形雲母板を別な雲母板で押す際の力と雲母板移動距離の関係を求め，その曲線から求めた力学的性質をタンパク質分子のヤング率に換算する [9]．
(5) タンパク質溶液を試料として超音波吸収実験を行い，溶質タンパク質の体積弾性率（圧縮率の逆数）を測定し，既知の関係式を用いてヤング率を算出する [10]．
(6) ガラス，雲母，シリコンなどの基板に吸着または結合したタンパク質分子を原子間力顕微鏡の探針で押しつぶす際の圧縮力とタンパク質の変形を測定してヤング率を求める [11]．

以上のいくつかの方法で求めたヤング率の報告値を表1にまとめる．

表 1　いろいろな方法で求められるタンパク質のヤング率

方　法	タンパク質の種類	ヤング率の値(単位：GPa)
バルク繊維の延伸	絹糸（くも，かいこなど）	約 2～5
アクチン単一繊維の延伸	アクチン	約 2
超音波速度測定(バルク弾性率)	リゾチーム	約 2～5
タンパク質結晶の振動法	リゾチームなど	約 0.2～1
原子間力顕微鏡による圧縮	リゾチーム	約 0.5
原子間力顕微鏡による圧縮	炭酸デヒドラターゼ	約 0.08
原子間力顕微鏡による圧縮	変性タンパク質	約 0.002

V. DNA の弾性

DNA はとくに定まった 3 次構造をもたず，水中ではランダムコイル鎖状あるいは超らせん構造をとっている．ランダムコイル鎖の場合には，2 本の分子鎖が相補的な塩基配列で二重鎖をつくっている場合と単一鎖で存在する場合とで，その剛直さは大いに異なる．ランダムコイル鎖状態の分子鎖の剛直性は平均持続長（persistence length）で表すが，二重らせん DNA ではこれが 50～60 nm と大きく，単一鎖 DNA では 1 nm 以下と短い．Bustamante らは，二重らせん DNA をその両端から引き伸ばし，図 6 のような延伸カーブを得た [12]．このカーブが典型的なランダムコイル鎖の延伸曲線であることから，次のような理論式にあてはめて平均持続長を得ている [12]．

$$F = \frac{k_B T}{p} \left[0.25(1 - \Delta L/L_0)^{-2} - 0.25 + \Delta L/L_0 \right]$$

上の式で，F, p, ΔL, L_0 は張力，平均持続長，伸び，元の長さである．DNA は 1 ヌクレオチドあたり 0.34 nm で与えられる B 型構造の全長に近づくと急激に張力が上昇するが，張力が 70～80 pN 程度に上昇すると急に張力が一定のまま長さが 50%ほど伸びて，新しい，S 型とよばれる構造に転移する．この構造は，ヌクレオチドが主鎖のつくる二重らせんの軸に対して傾いた新しい構造である．

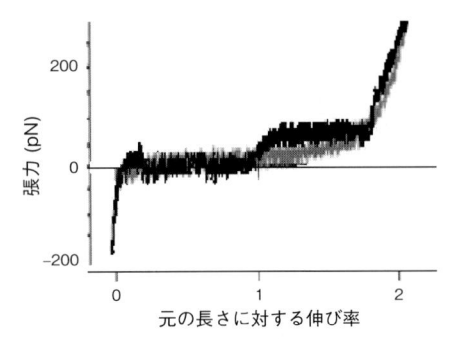

図 6　DNA の延伸カーブ

二重らせん DNA を両端から引き伸ばすときに得られる張力対延伸距離の関係．DNA は B 型の全長近くまで伸びると急激に張力が上昇するが，張力 80 pN 程度で張力一定のまま延伸が再開され，新しい構造である S 型に転移する [12]．黒は延伸時，グレーは収縮時の曲線である．

VI. 細胞の硬さと柔らかさ

　細胞そのものの硬さの測定も積極的に行われている．細胞はリン脂質の薄い膜でできた袋の中に主としてタンパク質と核酸の水溶液が入っており，球形に比べると体積に比して表面積の大きい構造なので，ヤング率として表現すると数〜数十 kPa と，表 1 にあげたタンパク質に比べると非常に柔らかい．AFM を使った硬さの測定の方法として，材料試験で用いられる圧入（indentation）試験を微小スケールで行ない，Hertz モデルあるいは Sneddon の式を使用した解析を行い，ヤング率を求める [13]．両モデルとも，試料は均質で異方性のない，横方向，奥行き方向には無限大の大きさをもつ半無限大試料（semi-infinitely large）を仮定している．細胞は AFM の探針に比較すると大きいので半無限大であることは是認されるが，均質性，等方性は当てはまらないので，より現実的なモデルを作る前段階にあるといえる．赤血球のように比較的構造の単純な細胞については，構造の特徴を取り入れたモデルの開発が進められている [14]．

VII. 細胞膜の力学的性質

　細胞膜の力学的性質についてはナノテクノロジーの普及以前から多くの研究があり，とくに赤血球を対象とした分野で cell mechanics あるいは biorheology という分野での研究が医学分野との協力のもとに進められている．本節では，これらの研究とこれからのバイオナノテクノロジーとの関連について簡潔にふれたい．細胞膜はリン脂質という両親媒性分子が本巻の「人工生体膜」の章の図1のように親水部を溶媒である水と接する外側に，疎水部を内側にという自己組織化の規則に従って，上下に鏡面対称的な配置をとって2次元に広がっている構造を基本としている．この構造を脂質二重層とよぶ．脂質二重層は，平面のままではその端の部分で溶媒との界面エネルギーが高くなるので，この部分をなくすため袋状となる．リポソームとよばれるこの袋は一般に球形をしているが，二重層の曲げエネルギーがそれほど大きくないので，外力や環境の変化でシリンダー状，ディスク状などいろいろな形をとることができる．二重層については，面内方向への圧縮率が小さいので変形に際しての膜面積の変化はほぼゼロに等しいこと，膜面と垂直方向への曲げ弾性率が小さいので面積の変化を伴わない変形は容易におこることが知られている．表2に細胞膜，脂質膜の物性値を引用する [15]．

　これらの結果を脂質二重層赤血球について当てはめてみると，その biconcave な円盤状形態は脂質二重層によってではなく，その細胞質側に網目状に存在するタンパク質層（細胞骨格；cytoskeleton）の性質でつくられていると考えられ

表2　脂質二重層の圧縮率と曲げ弾性率の値

脂質膜の種類	曲げ弾性率の値 ($\times 10^{-19}$ J)
赤血球膜	約2
形質膜	約0.3〜2
diOPC	約0.9
diAPC	約0.4
diMPC	約0.5〜1

る．直径約 $8\,\mu$m の赤血球が直径約 $4\,\mu$m の毛細血管内を通過する際には，その形態が砲弾状とよばれる円錐に近い形に変形し，毛管を抜けると元の形に戻る．このような大規模な可逆的弾性変形を伴う体内循環をおよそ 20 万回くり返すと，ヒト赤血球はその寿命を終える．また，赤血球の細胞膜に細いガラス棒の先端を吸着させてからゆっくりと引き離してくると，膜の一部が細いチューブとなってガラスに引かれて伸びてくることが知られている [16]．このような脂質膜の細いチューブは，最近になって組織内の細胞間連絡用に使われている可能性が指摘され始めており，その形成に関する力学的あるいは物理化学的興味だけではなく，生物学的にもその機能に注目が集まっている [17]．

脂質でできたこのチューブはテザー（tether；手綱）ともよばれ，これを脂質膜から引き出す際に必要な力（F）とチューブ状をしたその半径（R_t）の間には近似的に $F = 2\pi B/R_t$ の関係があることが知られている．表 2 にあげた赤血球膜の曲げ弾性率 $B = 2\times 10^{-19}$J という値を使うと R_t はおよそ 20 nm という値となるので，テザーが相当細いものであることがわかる．これが中空の管であることを利用して人工リポソームと細胞の間をテザーで結び，両者の間で物質移動を行うというナノテクノロジー的な試みが提案されている [18]．

テザー形成にはいくつかの力学的過程が含まれているので，その解析が AFM や Evans の考案による BFP（biomembrane force probe）を使って行われている [19]．BFP は，図 7 にその原理を示したように，マイクロマニピュレータにつながれた 2 つの相対するガラス管の一方の開口部に力センサーとなる赤血球を，他方に試料となる細胞やラテックス球をそれぞれ陰圧をかけて吸着させている．

センサー赤血球は一部がガラス管内に引き込まれているため球形に変形している．右側のラテックス球を赤血球に一定時間接触させてからこれを吸着しているガラス管をゆっくり右方向へ移動していくと，赤血球からテザーが引き出されていくことが蛍光標識したテザーを使って示されている．テザーを引き出す力は，赤血球の球形からの変形を顕微鏡下で測定することにより算出する．このような研究から，いくつかの興味深い点がテザー形成機構について知られている．

(1) テザー形成のごく初期にいくつかの鋭いフォースピークがみられる．これ

VII. 細胞膜の力学的性質

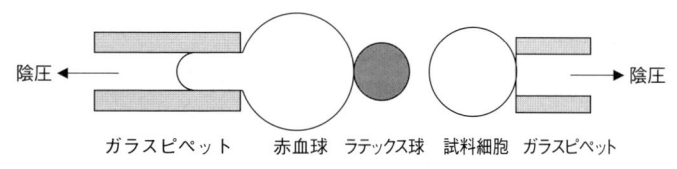

図 7 biomembrane force probe（BFP）の原理図

2本のガラス製マイクロピペットを相対しておき，図の左側には測定する力を検定する赤血球を陰圧で引き込んでおく．マイクロピペットの外側の赤血球の形が球形に変形している．赤血球には測定対象となるタンパク質などを結合したラテックス球が結合してある．右側のマイクロピペットには試験細胞をやはり陰圧で固定する．両者を接触させたのち，静かに引き離すと赤血球とラテックス球上のタンパク質が相互作用した場合は，両者を引き離すのに要する力が赤血球を変形させる．この変形量から両者の間にはたらく張力を算出する．

は，細胞膜から脂質テザーを引き出す前に膜とその内側にある細胞骨格との連結部を切断する過程を表していると考えられている．

(2) いったんテザーが引き出されると，その長さが数〜数十 μm に達する間，張力は一定となる．これはテザーの伸張は物質量が一定に限られたひもの伸張とは異なり，伸張に伴って原料となる脂質が細胞膜から供給されてくるので，張力はテザーの根元でのこの脂質分子供給過程に依存していることを反映している．最終的にフォースカーブの終端でなにがおこっているかはあまり明確ではない．可能なこととして，①テザー自身の切断，②ラテックス球とテザーの吸着部の破壊が考えられるが，信頼できる報告はない．

テザー形成過程の力学測定は AFM やレーザーピンセットを使っても可能であり，とくに AFM を使った研究がいくつか報告されている．AFM を使用した場合，探針が顕微鏡の光軸と同じ方向に上下するので，テザー形成の力学過程を記録することはできるが，テザー自身を映像として確認することがむずかしい．探針-試料間におこっていることを顕微鏡で直接観察できるようにすることは，今後の AFM に望まれる機能の一つである．

● **おわりに：細胞生物学への応用**

以上，材料力学的方法をナノメートルスケールの生体構造や生体高分子に適

用する方法を紹介した．今後このような方法による数値的な解析から，生体構造に関する物性の数値的表現が蓄積してくることを期待している．生命現象の定量的理解には計算機シミュレーションが必須であるが，それを可能とするには生体構造をつくっている材料の力学物性の解明が，熱力学的物性と並んで必須である．

文献

[1] 森田清三（編著）：走査型プローブ顕微鏡——最新技術と未来予測，丸善（2005）
[2] 重川秀実・吉村雅満・坂田亮・川津璋（編）：走査プローブ顕微鏡と局所分光，p.148, 裳華房（2005）
[3] Meyer, E., Hug, H. J., Bennewitz, R.：Scanning Probe Microscopy: The Lab on a Tip, Springer-Verlag（2003）
[4] Morita, S., Wiesendanger, R., Meyer, E. (eds.)：Noncontact Atomic Force Microscopy, Springer-Verlag（2001）
[5] Israelachvili, J. N.：Intermolecular and Surface Forces: With Applications to Colloidal and Biological Systems (2nd ed.), Wiley（1992）
[6] Howard, J.: Mechanics of Motor Proteins and the Cytoskeleton, p.148, Sinauer Associates (2001)
[7] Kojima, H., Ishijima, A., Yanagida, T.：*Proc. Natl. Acad. Sci. USA*, **91**, 12962-12966(1994)
[8] Morozov, V. N., Morozova, T.Ya.：*J. Biomol. Struct. Dyn.*, **11**, 459-481 (1993)
[9] Suda, H., Sugimoto, M., Chiba, M., Uemura, C.：*Biochem. Biophys. Res. Commun.*, **211**, 219-225 (1995)
[10] Tachibana, M., Koizumi, H., Kojima, K.：*Phys. Rev. E. Stat. Nonlin. Soft Matter. Phys.*, **69**, 051921 (2004)
[11] Afrin, R., Alam, M. T., Ikai, A.：*Protein Sci.*, **14**, 1447-1457 (2005)
[12] Smith, S. B., Cui, Y., Bustamante, C.：*Science*, **271**, 795-799 (1996)
[13] Sneddon, I. N.：*Int.J.Eng.Sci.*, **3**, 47-57（1965）
[14] Boal, D.：Mechanics of the Cell, Chapt. 7, Cambridge Univ. Press, p.211（2002）
[15] Boal, D.：Mechanics of the Cell, Part III, Cambridge Univ. Press（2002）
[16] Heinrich, V., Leung, A., Evans, E.：*Biophys. J.*, **88**, 2299-2308 (2005)
[17] Rustom, A., Saffrich, R., Markovic, I., Walther, P., Gerdes, H. H.：*Science*, **303** 1007-1010 (2004)

[18] Akiyoshi, K., Itaya, A., Nomura, S. M., Ono, N., Yoshikawa, K. : *FEBS Lett.*, **534**, 33-38 (2003)
[19] Evans, E., Ritchie, K., Merkel, R. : *Biophys. J.*, **68**, 2580-2587 (1995)

Chapter 11

計測・解析技術

タンパク質分子の力学特性
計算機シミュレーションによる理解

塚田 捷・田上勝規・高 玘

●はじめに

　計算機の飛躍的な発展に伴い，タンパク質という巨大分子の構造や性質を古典分子動力学法（MD法）によって原子レベルから数値解析する研究は，タンパク質の理論研究の流れとして定着しつつある．一方，その中でもとくに原子間力顕微鏡（AFM）というプローブを用いた，タンパク質のナノ力学実験が最近注目されているが，本章ではこのような実験を支援する古典力学法を用いた理論シミュレーション法に関するトピックスを解説する．また，原子間力顕微鏡のそもそもの機能は，試料の像を観測して個々のタンパク質分子の構造や集合状態などについて情報を得ることであるが，ここでも理論シミュレーションは重要な役割を果たす．本章では，そのような原子間力顕微鏡像のシミュレーション法の現状報告と，関連する諸問題についても，紹介することにしよう．

I. 蛋白質のイメージシミュレーション

　タンパク質分子に対してAFM（原子間力顕微鏡）がどの程度の分解能をもちうるのかを，三重らせん構造をもつコラーゲン断片（PDBコード：1clg）を試

料に選んで数値解析した例を述べよう [1]．コラーゲン試料は理論計算で取り扱いやすいようにモデル的に短く切ったものを用いている．基板としてグラファイトの一種である HOPG を用い，探針としてはキャップ付きの (10, 0) カーボンナノチューブ先端を用いた．観測条件としては，理論計算しやすいように真空中および温度 0 K の極限を仮定した．探針と試料間の力は，原子間にはたらく力を古典的にモデル化する方法のひとつである CHARMM22 力場モデルにより計算した．この方法では，原子と原子にはたらく力は，ボンド長，ボンド角，二面体角などの最適値からのずれ，および静電荷力，分散力（ファンデルワールス力）からなるとして，これらの項を現象論的に与え，特定している原子以外のすべての原子からの合力としてその原子にはたらく力を計算する．探針と試料間の力を計算するには，探針（または試料）内のすべての原子にはたらく力のベクトル和を求めればよい．厳密には探針と試料が接近して力を及ぼしあうようになると，それぞれの内部の原子配置自体がエネルギーを最低にするように変化するが，ごく粗い計算ではこれらを無視する近似が行われる．

　コラーゲンについての計算結果を図 1 および図 2 に示す．図 1(a) は，三重らせん構造を保持したまま基板に固定された構造の原子模型である．この構造の上で探針を走査して力曲線を計算し，探針と試料間の基板に垂直な力成分が一定値（−25 pN）になる探針高さを求め，それを 3 次元分布図として示した像が図 1(b) である．なお，水平方向の走査点は離散化しており，間隔は約 0.2 nm である．これより，束になっていない単分子コラーゲンでもらせん構造が観測可能なことがわかる．分子両端が明るく見えるのは，コラーゲン分子の中央付近よりも 0.12〜0.25 nm ほど高くなっているためである．

　図 2(a) は，図 1(a) の構造を出発点として 300 K で分子動力学計算を行い，しばらく（約 2.8 ナノ秒）その温度に保持したあとで 0 K に冷却して得た構造である．両末端かららせん構造がほどけ始めており，とくに上部に一重らせんになった部分が見られる．この構造に対し，図 1(b) と同様に像計算を行った結果を図 2(b) に示す．一重らせん部の輝点はプロリン残基に，暗点はグリシン残基にそれぞれ対応しており，AFM 像から残基の違いを認識できることがわかった．

　さて上記の計算にかかった時間は，Pentium 4　2.8 GHz の PC クラスタで 1〜

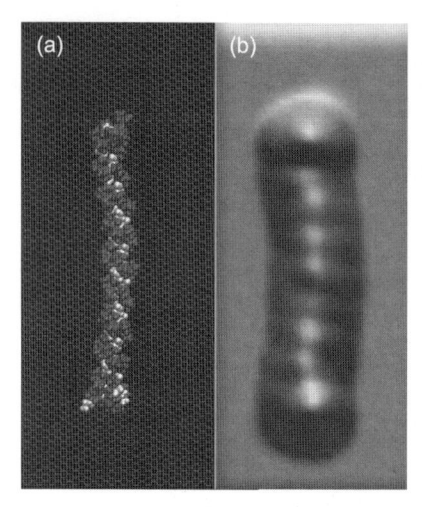

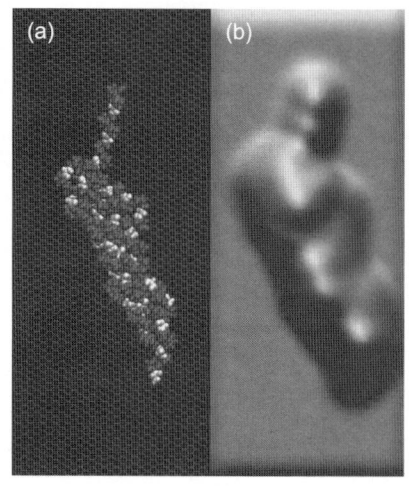

図 1 三重らせんコラーゲン分子 (a) とそのイメージ (b)

図 2 一部解けたコラーゲン分子 (a) とそのイメージ (b)

2 週間である．実験結果をすぐその場で理論シミュレーションするには，計算時間を大幅に短縮する必要がある．そのため，より簡単な高速シミュレーション法を考案した．この計算法では，走査点の離散化のみならず，モデルの実体（探針および試料）も粗視化する [2]．具体的には，試料に走査点間隔で区切られるメッシュをかぶせ，各メッシュに分類された複数の原子のうち最も高い座標点をそのメッシュの高さとする．探針については連続体モデルを用いるか，試料側と同様の粗視化を行う．また，力曲線の計算をせず，代わりに探針と試料が接触する高さを走査点ごとに計算する．この計算シミュレーションでは，顕微鏡像を生成する時間は数秒程度となり，先に述べた力を計算する方法に比べて大幅に短縮される．さらに，任意の探針形状に対しても応用できるため，探針先端部の形状が像に及ぼす効果を詳しく調べることができる．

この高速計算法によるコラーゲン（図 1a）のイメージを図 3 に示す．探針としては，キャップ付きのカーボンナノチューブのように，円柱の先端に半球がついたものを選んだ．(a) から (c) へと探針先端部の曲率半径を増加させるにつれ，力場計算で得られた図 1(b) のような像に近づいてくる．このような近似計算が有効なのは，探針先端の曲率半径がある程度大きくなれば，個々の試料原

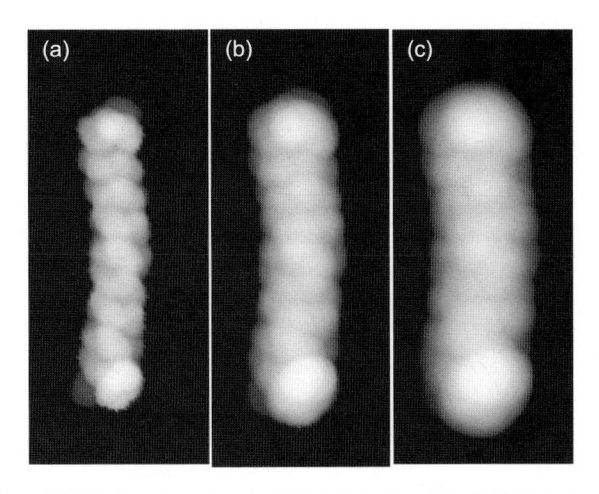

図3 簡易シミュレーション法によるコラーゲン分子のイメージ
探針先端の曲率半径は (a) 0.5, (b) 1.0, (c) 1.5 nm.

子の力の原子レベル変動は平均化されて粗視化された等力面で像が決定され，その等力面は幾何学的接触条件で決める面と似通っているからである．

II. 力曲線における溶媒効果

さて，実験での観測条件の多くは室温および溶液中である．溶媒中の力曲線のふるまいを調べるため，図1(a) の構造が十分隠れる程度の水分子を付加し，温度300Kにて各探針高さで分子動力学計算を行った [1]．探針の受ける力が，探針の高さとともに変化する様子を示したものが図4である．探針走査点は，(a) HOPG基板直上，および (b) コラーゲン分子直上の2点である．(a)，(b) に共通して，まず探針と水面におけるメニスカスによる引力が発生し，その後は，力の大きさがほとんど変化しない領域が続く．これは，探針の口径が高さに依存しないナノチューブを用いたためである．なお，この引力は，液面部分で発生する表面張力と探針底部における水の圧力の差である．さらに探針を表面に近づけると，探針に加わる力が探針－試料表面間の距離に対して著しい振動を示すようになる．これは，振動的水和力（oscillatory solvation force）とよばれ

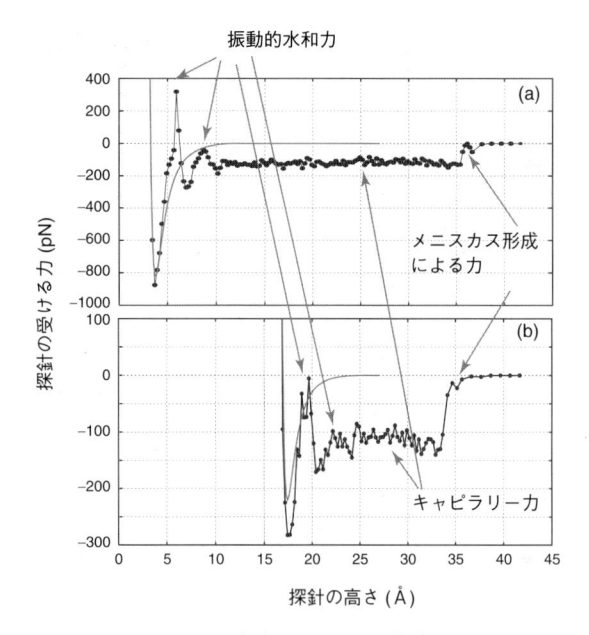

図4 水中における力曲線
(a) HOPG 上, (b) コラーゲン上.

る現象の反映である．表面側および探針側の表面付近にできていた水分子の分布の層状構造どうしがぶつかり，それが崩れだす過程で生じている．探針と試料あるいは基板間の水が排除されると，力曲線は真空中での力曲線に近づく．しかし，興味深いことに，振動的水和力の振幅には探針のスキャン位置依存性があり，コラーゲン直上のほうが小さい．したがって，この振動的水和力を検出することでトポグラフィ像を得ても，コラーゲンの真の高さが観測できない可能性がある．

III．蛋白質の力学実験シミュレーション

タンパク質分子を AFM 探針を用いて変形させる実験やシミュレーションは，フォールディングあるいはアンフォールディング過程の興味から，主として引き伸ばしについての研究が進んでいる．そこでは力曲線の不連続な跳びと，タ

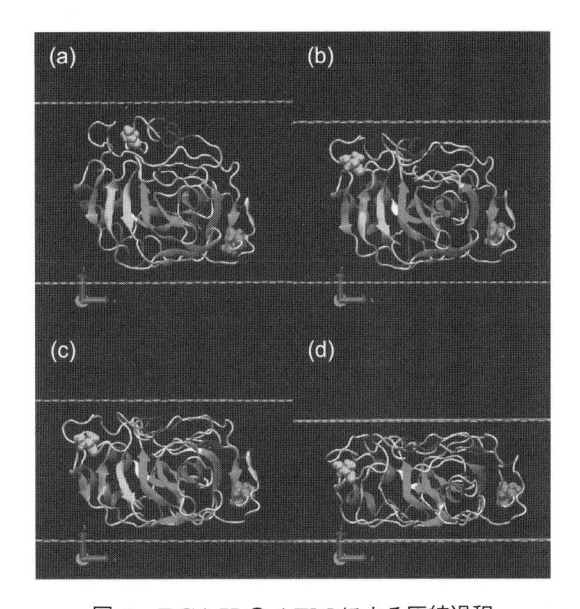

図 5　BCA II の AFM による圧縮過程
探針-基板間距離は (a) 4.5, (b) 4.0, (c) 3.5, (d) 3.0 nm. ➡口絵 8 参照

ンパク質の 2 次あるいは 3 次構造の変化の関係が明らかになりつつある．一方，タンパク質を圧縮する過程の実験は少なく，理論シミュレーションはほぼ皆無であり，探針直下で何がおきているかは不明であった．そこで，著者らはタンパク質単分子の AFM 探針による圧縮過程のシミュレーション法を開発し，力曲線に現れる不連続性と構造変化との関係を研究している [3-5]．以下にその一例として，ウシ炭酸脱水酵素（BCA II）についての計算結果を紹介する．

図 5(a) に，BCA II（PDB コード：1V9E）の C 末端を HOPG 基板に向けた状態で吸着させた構造を示す．この構造は，初めに分子を基板上において，探針のない状況で分子動力学計算を実行して決めておく．図 5 の上部に描いた平板は，曲率半径の十分大きい探針のモデルとして用いたグラファイト平板である．探針を徐々に下方へ押し下げながら，各探針高さでタンパク質部分のみ構造最適化を行うと，図 5(a) から (d) へと立体構造が変化する．なお，計算では CHARMM22 力場モデルを用い，また，水分子や亜鉛イオンなどは除去している．矢印で描かれた構造は β ストランドである．圧縮が進むにつれ，タンパク

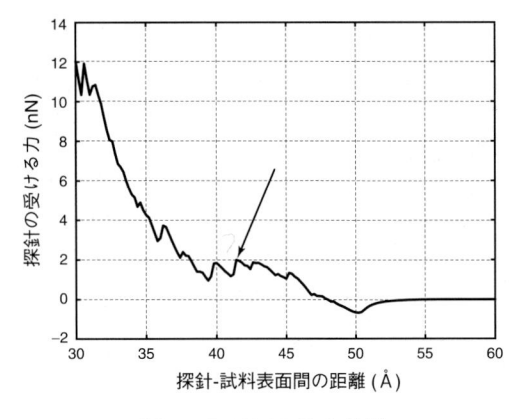

図6 BCA II の力曲線

質上部にあるターン構造などがつぶれる3次構造の変化，また，β ストランド自身が壊れる2次構造の変化がひきおこされる様子が見える．このような構造変化は力曲線にどのように現れるだろうか？

　図6は同時に得られた力曲線で，初めは図5(b) のようにやわらかいタンパク質上部が探針形状に合わせてつぶれるので，探針の受ける力はさほど大きくない．しかし，この部分がつぶれて平たくなったのち，急激に曲線の傾きが大きくなり硬くなっていることがわかる．一方，力曲線には矢印の個所のように，鋸歯状のピークあるいは不連続な跳びが数個所見られるが，これは，近接するアミノ酸残基間での滑り（原子レベルでの stick-slip）がタンパク質全体へ伝播する過程である．なお，BCA II とは異なる3次構造をもつ GFP [4] やヒト血清アルブミンについても同様の圧縮シミュレーションを行い，やはり力曲線に鋸状のピークを見いだしている．両者とも，ピーク位置ではアミノ酸残基間の水素結合の切断などが見られた．GFP については，次節でやや詳しく述べる．

　最後に，アポフェリチンに探針を貫通させる仮想ナノ力学実験のシミュレーション結果を示そう．図7(a) は HOPG 基板上に吸着させたアポフェリチンで，中心を通る切断面を描いてある．図上部にある (10, 10) カーボンナノチューブは，先端の鋭い探針（曲率半径：0.68 nm）の一例として用いている．このシミュレーションでは，周囲の水やイオン，また温度の効果は考慮していない．

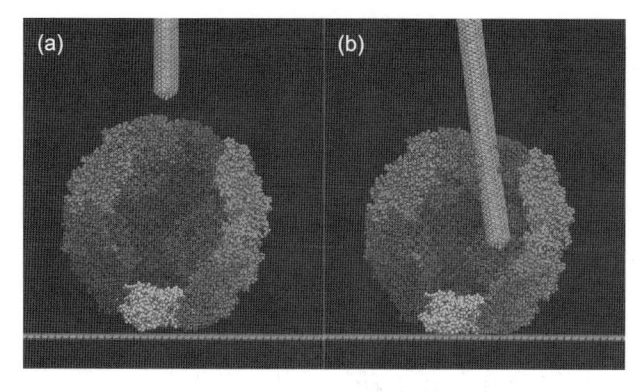

図7 アポフェリチンへのナノチューブの貫通の様子
(a) 貫通前, (b) 貫通後. →口絵9参照

　温度0Kにて原子の変位を追跡しながら探針を下方へ等速で押し下げていくと，初めは探針先端がタンパク質の表面に沿って水平方向に滑っていく．やがて，アポフェリチン側が探針の圧力に耐えきれなくなると，適当な場所から探針の貫通がおきる．貫通のおこる場所は，必ずしもタンパク質のサブユニットの境界になるとは限らないようである．探針に加わる力は，貫通の瞬間に大きなピークを示すが，このときの力曲線については，現在，解析が進められている．

IV. 探針を用いた GFP の圧縮と蛍光の消失

　緑色蛍光タンパク質（GFP）は，光照射により強い緑色の蛍光を発するタンパク質である．特定のタンパク分子の末端に結合させて，その標識として用いられるので，生命科学の研究領域で注目されている．GFP の分子構造には，中央部に β シートからできた樽型構造（β バレル構造）が形成されており，その内部に 65〜67（Ser-Tyr-Gly）番目の残基からなる π 共役光吸収素子（p-hydroxybenzylidene-imidazolidone. 図10参照）が収容されている．これがタンパク質を緑色にする発色団（光吸収基）である．

　この GFP 分子を，AFM 探針を用いて圧縮すると蛍光が消失することが，猪飼らの研究により明らかにされている [5]．探針による圧縮応力の印加が，どの

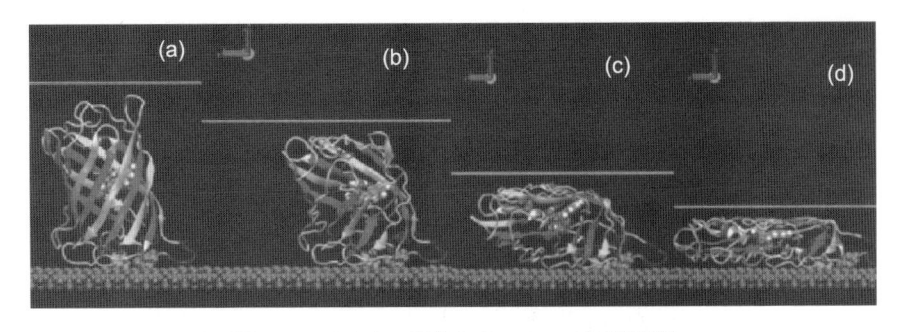

図 8 マイカ上に吸着した GFP の圧縮過程
探針基板間距離は (a) 5.0, (b) 4.0, (c) 3.0, (d) 2.0 nm. ➡口絵 10 参照

ように GFP 分子の特徴的な β バレル構造を変形させるか？ それによる蛍光の消失機構はどのようなものか？ これらを解明するために，筆者らは量子化学的な計算と分子力学的な計算を併用するシミュレーションを実行した．

実験では探針としてマイクロビーズを用いているので，平板形状の探針模型で系を近似的に記述できるであろう．シミュレーションでは，探針の模型は平板状のグラファイト，基板の模型はマイカ表面を用いた．圧縮による GFP 分子（PDF コード：1q4b）の構造変化を決めるシミュレーションでは，真空中および温度 0 K の極限を仮定し，計算は CHARMM 22 および CLAY 力場を用いた [4]．図 8 に圧縮過程のスナップショットを示す．探針が十分離れているとき，GFP は β バレル構造を保持しているが，圧縮とともに破壊されていく．微視的に見ると，圧縮が進むにつれて，前節で述べたようなアミノ酸残基間の stick-slip 過程が原子レベルでおこり，この連鎖がタンパク質分子の大域的な変形をひきおこしていく．そのため探針の力-高さ曲線には BCA II の場合と類似した鋸歯状の細かい構造が出現している [3]．

図 9 は，β バレルの内部にある発色団と，近辺のアミノ酸残基 [Arg96, His148] および X 線結晶で観測される水分子 [Wat1, Wat2] とを結ぶ水素結合距離が，圧縮によってどのように変化するかを示す．探針高さが 41 Å 付近で，水素結合距離が急に伸びて水素結合が実質的に切れることがわかる．このような状況がおこる前後で，発色団内部の回転角に対する基底状態および光励起状態の断熱ポテンシャル面を比較すると図 10 のようになる．すなわち，周辺の水素結合

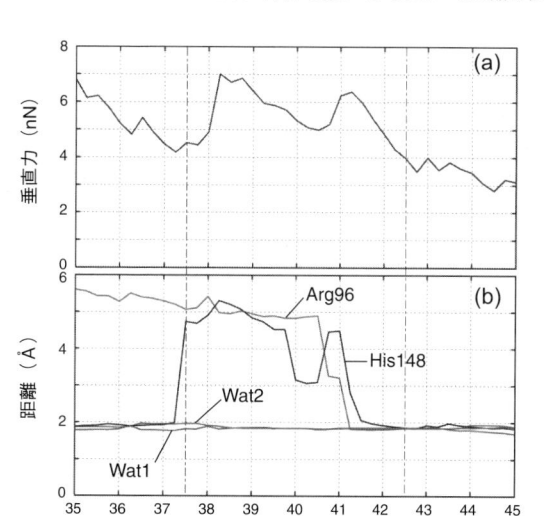

図 9 探針と表面の距離に対して探針の力曲線 (a) と発色団周辺の水素結合の距離変化 (b)

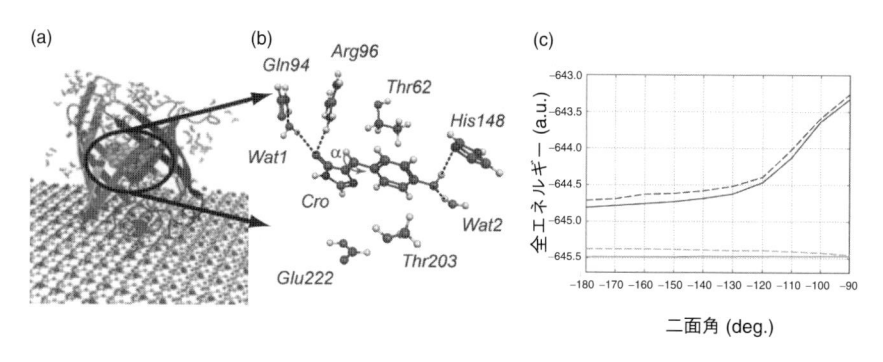

図 10 探針の圧縮による断熱ポテンシャルの変化
(a) 圧縮過程の全系，(b) 断熱ポテンシャルが計算される分子集合，(c) 発色団の周辺水素ネットワークが変化する前後の分子集合に対して α 二面角を回転しながらの断熱ポテンシャル．

が消失したあとでは，発色団分子の図中に示した軸周り（図10bの α 二面角）の回転障壁がなくなり，その結果，励起状態から活性障壁なしに基底状態に戻ることが可能となる．このような機構で無輻射遷移の確率が増加し，蛍光が消失するものと思われる．この理論解析の結果は，猪飼らによる実験事実をよく

説明することができる [5].

●まとめと今後の課題

　原子間力顕微鏡によるタンパク質分子のイメージ形成の理論シミュレーション法はまだ完成しているわけではないが，本章で取り上げた例が示すように，今後の発展が大きく期待できる．簡単なシミュレーションでは高速法が有効であるが，精密な議論では介在する水の効果まで含んだ理論解析が必要となると思われる．この場合は必然的に大規模計算になるが，バイオ試料の AFM 像形成に関する本質的に重要な情報を得ることができるであろう．

　探針によるタンパク質分子のナノ力学実験を支援するためにも，理論シミュレーションは実験の解釈や実験状況の設定について重要な役割を演じると思われる．理論と実験との提携によって，タンパク質の分子論的な物性と，機能についての新しい研究手法が開発できると期待される．しかし，このような研究は，ようやく誕生したばかりであり，水の影響，温度の影響を調べるなど，シミュレーションの改良についても今後の発展が必要である．

文献

[1] Tagami, K., Tsukada, M.：*e-J. Surf. Sci. Nanotech.*, **4**, 294-298 (2006)

[2] 特許出願中

[3] Tagami, K., Tsukada, M., Afrin, R., Sekiguchi, H., Ikai, A.：*e-J. Surf. Sci. Nanotech.*, **4**, 552-558 (2006)

[4] Gao, Q., Tagami, K., Fujihira, M., Tsukada, M.：*Jpn. J. Appl. Phys.*, **45**, L929-L931 (2006)

[5] Kodama, T., Ohtani, H., Arakawa, H., Ikai, A.：*Appl. Phys. Lett.*, **86**, 043901 (2005)

索 引

ア

RNA 合成酵素 ……………………… 83
アイソトープ ……………………… 21
アクチン …………………………… 81
アクチン繊維 ……………………… 182
圧縮力とタンパク質の変形 ……… 182
圧入（indentation）試験 ………… 184
アデニル酸シクラーゼ …………… 56
アデニン …………………………… 95
アデノシン三リン酸 ……………… 84
アデノシン二リン酸 ……………… 84
アニーリング ……………………… 17
アビジン ……………………… 73, 118
アビジン・ビオチン ……………… 164
アビジン-ビオチン結合 …………… 48
アポフェリチン …………………… 196
アミノ酸 ………………… 4, 13, 43
α ヘリックス ………… 13, 35, 47, 74
アンチポーター …………………… 49
アンフィンセン・ドグマ ………… 47
イオンチャネル …………… 147, 166
イオンチャネルセンサー ………… 149
イオンチャネル電流 ……………… 58
イオンポンプ ……………………… 49
位相差顕微鏡 ……………………… 31
1 塩基多型 ………………………… 114
1 分子可視化技術 ………………… 86
1 分子観察 ………………………… 40
1 分子操作技術 …………………… 86
遺伝子 ……………………………… 3, 4
遺伝子組換え ……………………… 98
遺伝子診断 ………………………… 125
遺伝子導入アレイ ………………… 41
イノシトール三リン酸受容体（IP$_3$R）160
イメージング ……………………… 21

インスリン ………………………… 40
インターカレーター ……………… 105
インテグリン ……………………… 36
ウェット系のボトムアップナノテクノロジー ……………………………… 62
AFM 探針 …………………………… 194
AFM 探針による圧縮 ……………… 195
ATP 合成酵素 ……………………… 83
液胞 ………………………………… 19
エクソサイトーシス ……………… 156
S/N 比 ……………………………… 122
S 型 ………………………………… 183
X 線結晶構造解析 ………………… 13
F$_o$（エフオー）モーター ……… 83
エラスチン ………………………… 27
F$_1$ モーター ……………………… 83
塩基性 ……………………………… 17
塩基配列 …………………………… 99
エンドサイトーシス ……………… 156
オーファン受容体 ………………… 54
オルガネラ ……………………… 3, 8
音響光学装置 ……………………… 142
温泉水 ……………………………… 17

カ

カーボンナノチューブ …………… 191
階層構造 …………………………… 1
回転モーター ……………………… 81
化学エネルギー …………………… 22
鍵と鍵穴 …………………………… 180
核 …………………………………… 18
拡散定数 …………………………… 135
核磁気共鳴画像 …………………… 21
核膜 ………………………………… 19
核膜孔 ……………………………… 19
可視化 ……………………………… 21

加水分解酵素	19
片持ち梁	172
活動電位	52
カドヘリン	37
過分極	50
肝細胞増殖因子	39
カンチレバー	171
カンチレバーのバネ定数	172
カンチレバー力学を利用したセンサー	181
器官	3
絹	182
キネシン	83
機能分子を採集	181
基板支持脂質二重層	138
ギャップ結合	38
球状タンパク質	181
共焦点レーザー顕微鏡	142
極限環境	17
極性	15
近接場光	87
近接場光チップ	91
金ナノ粒子	128
グアニン	95
グリア細胞	157
クリーンベンチ	30
グリセロールリン酸	15
グルーヴバインダー	105
クローニング	98
グロビュール構造	103
蛍光	21
蛍光1分子イメージ	87
蛍光共鳴エネルギー移動	88, 126
蛍光顕微鏡	22, 142
蛍光剤	126
蛍光色素	102
蛍光スキャナー	118
蛍光団	13
蛍光の消失	197
蛍光プローブ	142, 166
蛍光法	6
血液	25
血管内皮細胞増殖因子	39
結合組織	25
血漿	39
血小板由来増殖因子	39
ゲノム解析	99
ゲル相	134
原核細胞	3, 8
原子間力顕微鏡	40, 143, 159, 171, 190
コア-シェル型ナノミセル	128
光学イメージング	21
光学顕微鏡	18
高感度	22
抗原	149
抗原抗体反応	181
高次構造形成	62
酵素	13
酵素分子	179
抗体	149
高度高熱菌	17
酵母	20
黒膜	138
固定化密度	124
固定結合	38
コラーゲン	27, 182, 190
ゴルジ体	3, 19, 33
コレステロール	34
コンフォメーション	158

サ

サイクリックアデノシン $3',5'$ーリン酸	56
細胞	3
細胞外基質	3
細胞外マトリックス	154
細胞接着性糖タンパク質	36
細胞内小器官	19, 33
細胞内メッセンジャー	160
細胞の硬さ	181
細胞培養法	29

細胞バンク	29, 32
細胞分裂	97
細胞変形と印加力の関係	182
細胞膜	3, 34, 181
細胞膜の力学的性質	185
サポーテッドメンブレン	59
サンガー法	99
産業応用	17
酸性	17
Gタンパク質共役型受容体	54, 148
磁気ピンセット	89
自己組織化単分子層	117
自己組織化能力	62
脂質	3, 15, 131
脂質二重層	3, 15, 34, 58, 133, 185
シトシン	95
シナプス	38, 49, 156
シナプス小胞	157
シナプトソーム	157
自発展開	141
脂肪酸	15
受容体	147, 158
小器官	3
消光剤	126
上皮成長因子	39
上皮組織	25
小胞体	3, 19, 33
情報伝達	160
シランカップリング剤	117
真核細胞	3, 8
神経	25
神経細胞	153
神経伝達物質	156
神経末端（終末）	156
人工生体膜	16
親水基	15
シンポーター	49
水晶発振子マイクロバランス法	58, 118
筋組織	25
ストレス-ストレイン	178
Sneddon の式	184
制限酵素	111
生合成	14
精製	14
生体触媒	179
生体分子	7
静電気力	102
静電的相互作用	122
整流	93
赤血球	186
接触型	173
接触型 AFM	174
セレクチン	38
線維芽細胞増殖因子	39
センサー赤血球	186
染色体	96, 181
染色体の凝集構造	181
相互作用力の測定	180
走査トンネル顕微鏡（STM）	159
走査プローブ顕微鏡	6
増殖因子	39
相同性	48
阻害剤	13
側方拡散	131
組織	3
疎水基	15
疎水性相互作用	133
塑性変形	176

タ

ターゲット分子	120
ターン構造	196
ダイオード光検知器	173
代謝型受容体	54
対称性	63
退色	22
大腸菌	9
ダイニン	83
タイムラプス	143
大量合成	14

多重染色 142
手綱 186
脱分極 50
多点微小電極 166
タバコモザイクウイルス 69
炭酸ガス培養器 31
弾性変形 176
男性ホルモンレセプター 22
弾性率 136
単電子トランジスタ 76
タンパク質 3, 7, 43, 62, 158
タンパク質間相互作用 13
タンパク質チップ 57
タンパク質の1次構造 47
タンパク質の2次構造 47
タンパク質の3次構造 47
タンパク質の4次構造 47
タンパク質の結晶 182
タンパク質のサブユニット 197
チミン 95
CHARMM22 力場モデル 191
超音波吸収実験 182
長期増強 168
長期抑圧 168
超微小チャンバー 91
張力 187
張力と伸びの関係 180
DNA 合成 17
DNA 増幅 98
DNA チップ 10, 40, 115
DNA の伸張操作 110
DNA の弾性 183
DNA ポリメラーゼ 17, 99
T4 バクテリオファージ 76
低侵襲的 21
デオキシヌクレオチド 17
デオキシリボ核酸 4, 95
デオキシリボヌクレオチド 4
テザー 186
テザー形成 186

テタヌス刺激 168
テトラポット型超分子 75
電位依存性チャネル 52
電気泳動 104
電気化学ポテンシャル 85
電気容量法 172
糖 3
凍結保存 31
等高線図 173
糖脂質 34
トップダウン法 61
トランスクリプトーム 40

ナ

ナノテクノロジー 61
ナノ搬送システム 93
ナノ力学実験 190
ナノワイヤ 69
2次元結晶 66
2次性輸送体 49
二重らせん DNA 183
ヌクレオソーム 11
粘着力 176
能動型 Na$^+$-K$^+$ ポンプ 50

ハ

バイオミネラリゼーション 62
ハイドロパシー指標 45
ハイブリダイゼーション 115
バクテリオロドプシン（bR） 163
発光 21
発色団分子 199
バネポテンシャル 89
PCR 法 17, 98
ピエゾモーター 173
ビオチン 73, 118
光エネルギー 22
光干渉法 172
光てこ方式 172
光ピンセット 88

光リソグラフィー ······················ 144
光励起状態の断熱ポテンシャル面 ····· 198
非共有結合 ···························· 179
微小管 ································· 83
ヒスチジンタグ ························ 73
ヒストン ··························· 11, 96
非接触型 ····························· 174
ビトロネクチン ···················· 27, 36
表面プラズモン共鳴法 ··········· 58, 118
ファンデルワールス力 ··············· 191
フィブロネクチン ················· 27, 36
フェリチン ···························· 64
フェリハイドライト ··················· 64
フォース・スペクトロスコピー ······ 163
フォースカーブ ················ 175, 177
フォースモード ······················ 174
フォトダイオード ···················· 173
不飽和脂肪酸 ·························· 15
プライマー ······················· 17, 98
ブラウニアン・ラチェット機構 ········ 85
ブラウン・ラチェット ··············· 147
ブラウン運動 ························ 131
フラッシング・ラチェット ············ 86
フリップ・フロップ運動 ··············· 35
フローティングゲートメモリ ·········· 68
プローブ ····························· 21
プローブ分子 ························ 120
プロテイン ··························· 62
プロテオーム ····················· 21, 41
分解酵素 ····························· 18
分解能 ······························· 18
分子イメージング ···················· 21
分子動力学計算 ······················ 191
平均持続長（persistence length） ···· 183
平衡定数 ···························· 178
β シート ················· 13, 35, 47
β ストランド ·················· 195
β バレル ························ 35
β ヘリックス ···················· 76
ベクター DNA ························ 98

ベシクル ···························· 134
ベシクル融合法 ······················ 141
HEK293 細胞 ·························· 29
ヘテロリンカー ····················· 117
ペプチド ························ 12, 147
ペプチド結合 ························· 47
ペルオキシソーム ····················· 19
Hertz モデル ························ 184
べん毛モーター ······················· 83
飽和脂肪酸 ··························· 15
Post-Albers 機構 ····················· 51
ボトムアップ手法 ····················· 62
ポリエチレングリコール ············· 122
ポリペプチド ························· 12
ポリメラーゼ ························· 17
polymerase chain reaction 法 ····· 17, 98
ホルモン ····························· 39

マ

マイクロチャネル ····················· 93
マイクロデバイス ················ 90, 92
マイクロ電気泳動 ···················· 128
マイクロマシンニング技術 ············ 90
膜 ··································· 15
膜タンパク質 ················ 34, 35, 181
曲げ弾性率 ·························· 186
マトリックス ························· 19
ミオシン ····························· 81
ミスマッチ ·························· 127
ミセル ··························· 15, 148
密着結合 ····························· 38
ミトコンドリア ················ 3, 19, 33
無細胞系タンパク質合成 ·············· 14
メタボローム ························· 41
メニスカス ·························· 193
毛細血管 ···························· 186
モータータンパク質 ··················· 80
モノクローナル抗体 ················· 161
モレキュラービーコン ··············· 126

ヤ

薬品 ………………………………………… 13
ヤング率 ……………………… 179, 182, 184
誘電泳動力 …………………………… 102
葉緑体 …………………………………… 19

ラ

ラマン分光法 ………………………… 157
ラミニン ………………………………… 27
ラングミュア・プロジェット法 ……… 139
ランダムコイル鎖 …………………… 179
リアルタイム ………………………… 164
リガンド ……………………………… 147
リステリアフェリチン ………………… 76
リソソーム ……………………………… 19
立体構造 ……………………………… 13
立体構造が破壊 ……………………… 181
リニアモーター ……………………… 81
リボ核酸 ………………………………… 5
リボザイム …………………………… 10
リボソーム …………………………… 14
リポソーム ……………………… 15, 134, 185
流動モザイクモデル ………………… 35
量子ドット …………………………… 22
両親媒性 ……………………………… 15
緑色蛍光タンパク質 ………………… 197
理論シミュレーション法 …………… 190
リン酸化 ……………………………… 20
リン脂質 ……………………………… 34
ルシフェラーゼ ……………………… 22
ルシフェリン ………………………… 22
レーザーピンセット ………………… 102
レセプター …………………………… 20
Lennard-Jones 型ポテンシャル …… 174
ロドプシン …………………………… 148

英字

adenosine 5′-diphosphate …………… 85
adenosine 5′-triphosphate …………… 84
ADP …………………………………… 85
AFM …………………………………… 171
AR ……………………………………… 22
atomic force microscope …………… 171
ATP ………………………………… 3, 19, 84
BCA II ………………………………… 195
BFP …………………………………… 186
biomembrane force probe ………… 186
biorheology ………………………… 185
CAM …………………………………… 38
cDNA ………………………………… 115
cell mechanics ……………………… 185
contact mode ……………………… 173
Daniel Koshland …………………… 180
DNA ……………………………… 4, 7, 95, 181
dNTP ………………………………… 17
Emile Fisher ………………………… 179
fMRI …………………………………… 21
force mode ………………………… 174
FRAP ………………………………… 143
GFP ……………………………… 13, 196
induced fit …………………………… 180
NMR …………………………………… 13
non-contact mode ………………… 174
ORF …………………………………… 115
pH ……………………………………… 17
quantum dot ………………………… 22
replication protein A ……………… 106
ribonucleic acid ……………………… 5
RNA ………………………………… 5, 7, 97
surface force apparatus …………… 182
tether ………………………………… 186
TMV …………………………………… 70

Memorandum

Memorandum

●担当編集委員●

荻野　俊郎（おぎの　としお）
　1979年　東京大学大学院電子工学専攻博士課程修了，NTT物性科学基礎研究所
　　　　　を経て，2002年より現職
　現　在　横浜国立大学大学院工学研究院教授，工学博士
　専　攻　電子工学，ナノテクノロジー

宇理須恒雄（うりす　つねお）
　1973年　東京大学理学系大学院化学科博士課程修了，日本電信電話公社電気通信
　　　　　研究所，日本電信電話（株）LSI研究所を経て，1992年より現職
　現　在　自然科学研究機構分子科学研究所教授，総合研究大学院大学教授（併
　　　　　任），理学博士
　専　攻　生体分子情報

ナノテクノロジー入門シリーズ I
ナノテクのためのバイオ入門
Introduction to Bio-Science for Nanotechnology

2007年1月30日　初版1刷発行

編集　日本表面科学会　Ⓒ 2007　　　　　　　　　　　　　　　（検印廃止）
発行　**共立出版株式会社**　南條光章
　　　〒112-8700　東京都文京区小日向4-6-19
　　　Tel. 03-3947-2511　　Fax. 03-3947-2539　　振替口座 00110-2-57035
　　　http://www.kyoritsu-pub.co.jp/

　　　印刷：加藤文明社　　製本：協栄製本
　　　Printed in Japan　ISBN 978-4-320-07170-4　　（社）自然科学書協会会員
　　　NDC 500, 460

JCLS <㈱日本著作出版権管理システム委託出版物>
本書の無断複写は著作権法上での例外を除き禁じられています．複写される場合は，そのつど事前
に㈱日本著作出版権管理システム（電話03-3817-5670，FAX 03-3815-8199）の許諾を得てください．

ナノテクノロジー入門シリーズ

日本表面科学会 編集　全4巻

《編集委員》
荻野俊郎・宇理須恒雄・本間芳和・北森武彦・菅原康弘・粉川良平・猪飼 篤・白石賢二

ナノテクノロジーは，広い領域にまたがる学際的な技術であるため，どこでも通用する定本はない。啓蒙書はすでに多数出版されているが，これから進路をきめる学生や，領域間の理解のために役立つ本は少ない。本シリーズは，学生・院生はもとより，ナノテク関連の研究者・技術者がそれまでの専門とは異なる分野のナノテクを学びはじめる際に役立つことをねらいとしたもので，多岐にわたるナノテクの基礎知識を個人レベルで異分野融合して習得できる，斬新でユニークなシリーズである。

第一回配本

① ナノテクのための バイオ入門

■担当編集委員：荻野俊郎・宇理須恒雄

【目次】細胞の構造と機能：細胞内／細胞の構造と機能：細胞外／タンパク質とバイオチップ／タンパク質超分子を用いたナノ構造作製／モータータンパク質とその利用／DNAの構造と機能／DNAチップ・遺伝子診断技術／人工生体膜／神経細胞ネットワーク／AFMによる生体材料計測／タンパク質の力学特性：計算機によるシミュレーション

2007年1月25日配本

バイオを専門としない学生・研究者・技術者のために，必要とされるナノテクの基礎知識を簡潔に分かり易く提供。

定価 2,835円（税込）
ISBN978-4-320-07170-4 C3350

A5判・上製・224頁

続刊

② ナノテクのための 化学・材料入門

■担当編集委員：本間芳和・北森武彦

【目次】基本構造：機能有機分子・超分子・デンドリマー・カーボンナノチューブ／高次構造：ナノワイヤ・ナノシート・ミセル・コロイド／局所構造：液液ナノ界面・固体界面・ナノ粒子／トップダウン構築／ボトムアップ構築：金属および半導体基板表面への機能性分子層の形成／集団的ナノ構築：ミセル形成・コロイド溶液反応・溶液自己組織化反応／貴金属触媒における粒子径と担体の効果／ナノ材料の分析計測／分子の分析計測：単一分子の反応と分光／ナノ・マイクロ構造による分析計測

③ ナノテクのための 物理入門

■担当編集委員：菅原康弘・粉川良平

【目次】代表的な相互作用とその物理的起源／水素結合・疎水性相互作用・π電子相互作用／ナノスケール系の電子状態と電気伝導／摩擦力顕微鏡の理論的基礎／摩擦力顕微鏡の応用展開／走査型トンネル顕微鏡（STM）／原子間力顕微鏡（AFM）／近接場光学顕微鏡によるナノ分光測定／電子ビーム／放射光／固液界面ナノ領域の構造と電位／固液界面ナノ領域の力学

④ ナノテクのための 工学入門

■担当編集委員：猪飼 篤・白石賢二

【目次】機械工学／エレクトロニクス／レーザ装置とその応用／真空工学／マイクロマシニング・ナノマシニング／トップダウンリソグラフィによるナノ加工／表面工学と自己組織化技術／ナノオーダーの極薄膜の構造解析の実際／力学物性の測定／光学物性の測定／電気物性の測定／ナノ構造および物性の計算機シミュレーション

80th Anniversary　共立出版　〒112-8700　東京都文京区小日向4-6-19　http://www.kyoritsu-pub.co.jp/
TEL 03-3947-2511／FAX 03-3947-2539　★共立ニュースメール会員募集中★